Simplified TRIZ

Make TRIZ Easy to Learn

极简TRIZ

让TRIZ不再难学

王 晶 宋保华 著

電子工業出版社
Publishing House of Electronics Industry
北京 · BEIJING

图书在版编目（CIP）数据

极简 TRIZ：让 TRIZ 不再难学 / 王晶，宋保华著 . —北京：电子工业出版社，2023.8
ISBN 978-7-121-46147-7

Ⅰ . ①极… Ⅱ . ①王… ②宋… Ⅲ . ①创造学 Ⅳ . ① G305

中国国家版本馆 CIP 数据核字 (2023) 第 153710 号

责任编辑：卢小雷
印　　刷：三河市双峰印刷装订有限公司
装　　订：三河市双峰印刷装订有限公司
出版发行：电子工业出版社
北京市海淀区万寿路173信箱　　邮编100036
开　　本：720×1000　1/16　　印张：15.25　　字数：187千字
版　　次：2023年8月第1版
印　　次：2023年8月第1次印刷
定　　价：78.00元

推荐序

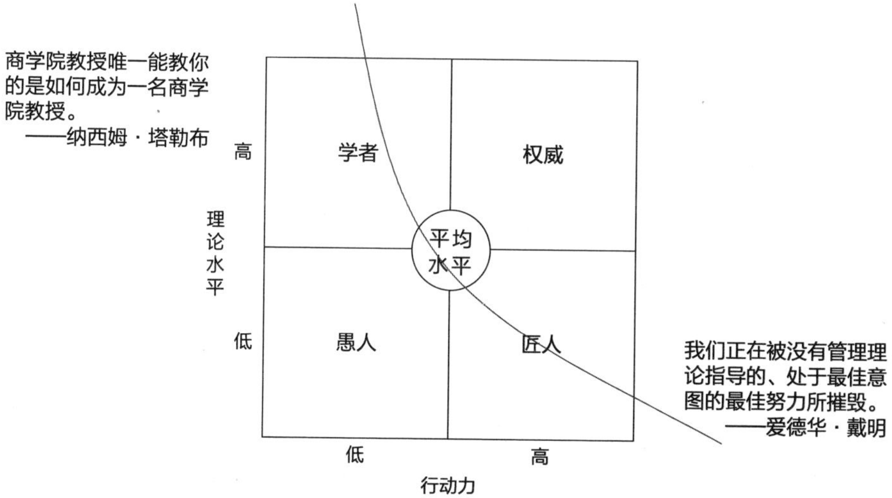

当撰写非小说类书籍时，作者通常会被现代生活的复杂性所迫而进行艰难的选择。选择的一端是，撰写解读并揭示世界运转的基本理论，这属于学术的领域。选择的另一端是，撰写经验主义者或匠人的心态，他们毕生致力于“完成事情”而非研究他人工作。

在非自然领域的创新活动中，学者和匠人都无法提供太多的帮助。98%的创新尝试都失败了，一个主要原因是，强迫解决问题的人从学者或匠人中选择其一，来帮助他们提高2%的创新成功率，这种行动几乎总是错误的。换言之，我们需要“拥有参与多个实际创新项目的经验，愿意花时间反思自己的经历并能够总结出具有整体性和全局性理论”的人，他们是我认为的、在其学科内真正权威的作者。根据我的经验，“权威”类型的作者比例约为2%。

因此，我非常欣慰地向大家推荐这本由真正权威人士撰写的作品。本书作者结合了其数年的实际项目发现、解决方案生成、商业项目执行，以及多年来对其学科基本原理的研究著成了此书。

本书的主题是TRIZ——20世纪的重大发现之一。就像几乎所有主要的范式转换研究一样，TRIZ完全是从偶然开始的。很凑巧，一群以经验为导向的工程师发现，他们花了几十年的时间，解码了创新基础的DNA。正如你所知道的那样，新世界观的创始人很快就发现，他们早已“深陷”自己的学科领域，无法做到恰如其分地深入浅出——很难将发现传授给他人。在TRIZ的世界中，很多内容，特别是那些来自早期苏联研究人员的内容，大多都令人费解，其意图和目的都显得高深莫测。

这个世界需要创新。这意味着，这个世界需要TRIZ。这还意味着，如果我们要培养更多的真正有能力的创新者，还需要更实用、更系统、更结构化的，经过实际检验的——这一点最重要——TRIZ书籍。你手中的这本就是新一代TRIZ实用手册中的一本，其可读性很高，可以让你像作者一样发挥TRIZ的效用，在工作和生活中解决实际的问题，并能为你和团队及组织赋能。通过学习本书，你将成就更好的自己，也将如史蒂夫·乔布斯所说，“在宇宙中留下自己的印记”。

Darrell Mann教授

全球系统性创新网络首席架构师

英国德文郡

2022年9月28日

前言

在20世纪70年代，TRIZ被引入国内。50多年来，有很多专家，也有很多书籍都对TRIZ进行了各种解读。尤其是近20年来，随着各行各业对创新的需求越来越大，TRIZ作为一种高效的创新方法被各大公司、高校采用，与TRIZ相关的培训也在全国各地全面开花。

如果读者曾经看过不同的TRIZ书籍或参加过不同的TRIZ培训，会发现一个很有趣的现象：不同书籍或培训师对同一个概念的解释是不尽相同的。就以TRIZ中的基本概念Contradiction为例，有称其为矛盾的，也有称其为冲突的。所以，在培训中经常听到这样的抱怨："为什么培训师们讲同一个概念会不一样？A老师这样讲，B老师又那样讲。这让我很困惑！"

我深知此情况对传播TRIZ理论的影响，但又对此无能为力。与项目管理、六西格玛等其他理论不同，TRIZ虽然已经发展了近一个世纪，但其中的很多定义始终没有"固定"下来，这就使每个人都可以用自己的方式来理解、使用并传播它。

在过去的几年中，我一直用自己的公众号发布与TRIZ相关的原创或翻译文章，以及相关词条的译文。但美中不足的是，这些内容"支离破碎"、不够系统，所以我根据自己的写作心得，以及培训和应用TRIZ的经验创作了本书，力图用自己的语言系统地将TRIZ方法介绍给读者。在阅读本书前，我有以下建议：

- 对于没有阅读过其他TRIZ书籍或没有参加过TRIZ培训的读者，本书将从全局的角度帮你建立对TRIZ的认知。当然，对于初学者来说，本书可能略显艰涩，需要你有更多的耐心，并多读几遍。
- 对于阅读过其他TRIZ书籍的读者，建议你结合自己对TRIZ的理解来阅读本书并时刻与以前的理解进行印证，仔细琢磨为什么我会以书中所述的逻辑阐述该内容。
- 对于参加过主流TRIZ培训的读者，本书的第1章、第4.1节、第6章、第7.1节、第10章和第12章对应TRIZ 1级培训；第3章、第4.2节、第7.2节和第11章对应TRIZ 2级培训；第5章、第8章和第13章对应TRIZ 3级培训。读者可以根据自己的学习情况翻阅相应章节，以温故而知新。

当然，我强烈建议读者从第1章开始读至最后一章，这样你就可以从全局的角度来理解TRIZ，也就可以理解我为何将章节的顺序如此排布了。

与其他创新理论一样，学习TRIZ也是一个长期的过程，需要读者投入极大的精力。在市面上，与TRIZ相关的书籍不知凡几，在本书中，我只是根据我的经验，将TRIZ以我认为合理的逻辑阐述出来。我不求读者在阅读本书后就能够熟练应用TRIZ，仅求不对读者产生误导。如果本书所述的内容能够为读者带来启发，我将非常欣慰；如果读者有不同的意见，也欢迎你随时与我交流，我很乐意为你解惑。

希望本书能够帮助读者更好地理解和应用TRIZ，这也算我对TRIZ的发展所尽的绵薄之力。

王晶
2022年9月于北京

目录

第1部分

TRIZ简介

在日常生活和工作中，人们总会遇到各种各样的问题。很多人习惯于根据经验解题，直到“撞了南墙”才会诉诸外力，时间就在这个过程中被浪费了。正所谓太阳底下无新事，在某个时间，在世界上某个角落，某个人可能也曾经遇到并解决过你遇到的问题。如果你能在遇到问题的伊始就找到这个人或他的解决方案，然后请他或用他的解决方案来解决你的问题，就可省去你大量的时间和精力。

第1章 什么是TRIZ

TRIZ是使用ISO/R9标准将俄文“Теория Решения Иэобретательских Задау”转化为拉丁文“Teoriya Resheniya Izobretatelskikh Zadatch”后该拉丁文首字母的缩写，其中文译名为“发明问题解决理论”，英文译名为“Theory of Inventive Problem Solving”。在国内传播时，人们将其音译为“萃智”或“萃思”，意为萃取智慧或萃取思维。

TRIZ名为发明问题解决理论，顾名思义，并不是所有问题都需要或适合用TRIZ来解决，它是一个解决“发明问题”的方法论，所以使用TRIZ解决问题的流程应该是：分析所遇到的初始问题，将其转化为发明问题并解决，然后产生概念方案。其流程如图1-1所示。

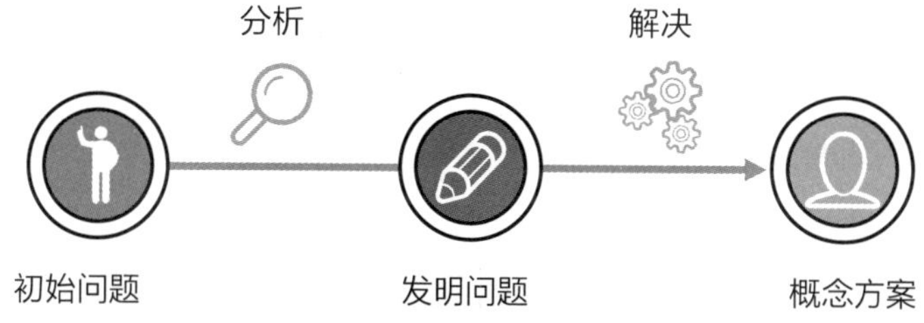

图1-1 解决问题的流程

那么，什么是“发明问题”呢？

在国际TRIZ协会（后文将统一称其为MATRIZ）于2018年5月发布的词汇表中，“发明问题”的定义为：当所有已知方法都无法用于产生所需结果时，一种需要执行某种动作的情况。要么创造一个新的技术系统来执行一个新的有用功能；要么改善现有技术系统执行的功能；要么防止技术系统或其产品受到有害的内部或外部因素的影响。相同的发明问题可以通过不同的发明问题模型来呈现。

该定义可分为以下3部分。

1. 当所有已知方法都无法用于产生所需结果时，一种需要执行某种动作的情况。

2. 要么创造一个新的技术系统来执行一个新的有用功能；要么改善现有技术系统执行的功能；要么防止技术系统或其产品受到有害的内部或外部因素的影响。

3. 相同的发明问题可以通过不同的发明问题模型来呈现。

其中，

- 第1部分说明了TRIZ的使用场景。使用者先使用已知方法解决问题，当所有已知方法都用尽，问题依然没有得到解决时，再考虑使用TRIZ。上述已知方法的知识来源不是所有领域的公知常识，而是使用者自己大脑中的知识，即如果你知道用什么方法能解决问题，用自己的方法解决该问题即可；如果经过思考后你发现头脑中并没有解决问题的现成方法，TRIZ就迎来了出场的机会。
- 第2部分说明了“发明问题”的3种表现。

  1）为了执行某个有用功能，我需要创造一个新的技术系统或技术。

  2）我现在有一个技术系统或技术，但我对它不满意，想要改善它。

  3）我无法找到新的技术系统或技术来执行想要的功能，也没有可以改善的现有技术系统或技术来消除影响当前对象的有害功能。
- 第3部分说明了TRIZ的使用逻辑。TRIZ给使用者提供了若干发明问题模型，使用者可以使用任一种发明问题模型将遇到的发明问题呈现出来，然后找到与你的发明问题模型一样的、曾经被前人解决过的问题，并使用该问题的解决方案模型来解决你自己的问题。

表1-1给出了TRIZ中的发明问题模型及相应的工具和解决方案模型。

表 1-1　发明问题模型及相应的工具和解决方案模型

序号	发明问题模型	工具	解决方案模型
1	How to 模型或功能	科学效应库	效应
		功能导向搜索	技术
2	物—场模型	76 个标准解（或标准解系统）	标准解
3	技术矛盾	矛盾矩阵	发明原理
4	物理矛盾	解决物理矛盾的方法（分离、满足、绕过）	发明原理
		克隆问题应用	技术
		功能导向搜索	技术
		科学效应库	效应

将上述发明问题模型及相应的工具和解决方案模型与图1-1合并，可得到图1-2所示的解决问题的流程。

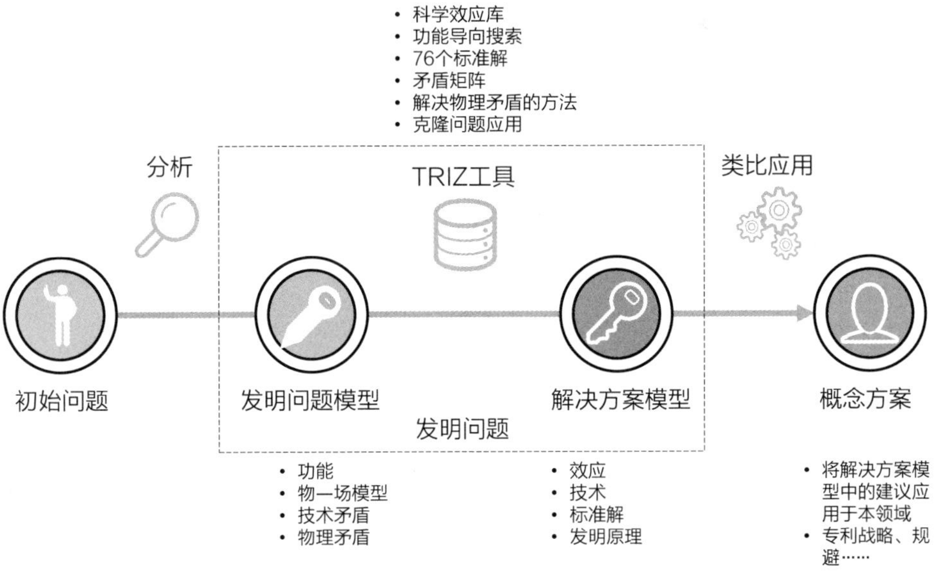

图1-2　解决问题的流程（扩展）

TRIZ起源于1956年，在此前的若干年（1946—1956年），创始人阿奇舒勒主要研究专利，重点关注："是否正确地解决了问题？"如图1-3所示。

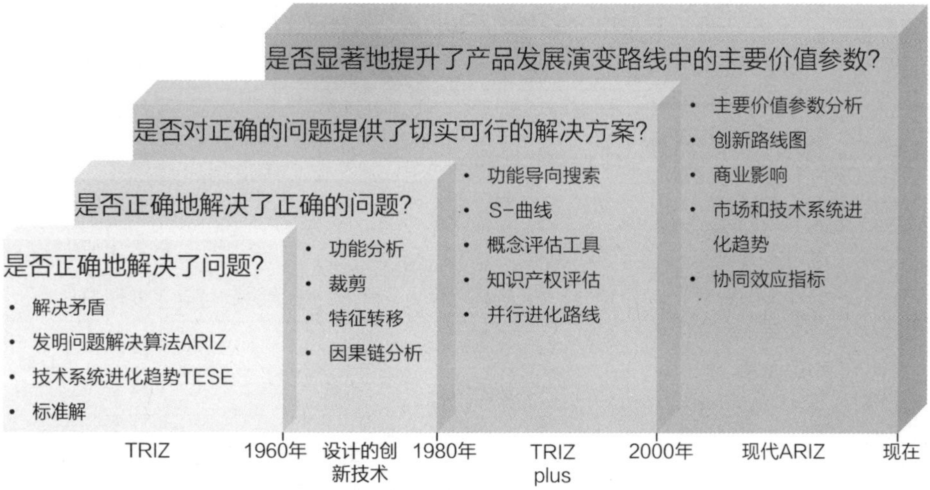

图1-3　TRIZ 发展路线图（来源：MATRIZ 培训资料）

对于一份专利文件，根本不需要考虑其问题正确与否，因为"问题不正确"的专利在审查阶段就会被审查员驳回。但在面对实际问题时，人们看到的往往是处于表层的现象，要解决的却是处于深层的、导致所述现象产生的原因，所以简单的分析不足以将问题分析透彻，这时就需要引入更多、更强大的分析工具。历代的TRIZ专家们将一些先进理论中的分析工具融入TRIZ，补充了TRIZ在分析上的短板，我认为，解决问题的流程可以如图1-4所示。

在日常工作中，人们看到的往往是某种现象（例如，建筑的屋顶着火了），我称其为初始问题；相关人员分析该现象得出屋顶着火是由安装于屋顶的光伏组件着火引起的。而该组件着火又是由连接器拉弧、散热系统效果差以及太阳能电池发热等原因引起的，为了避免类似的恶果再次出现，需要解决散热系统效果差的问题，它就是图1-4所示的具体问题。如果不能使用常规方法解决该具体问题，则需要使用问题分析工具分析它，常见的问题分析工具有：标杆分析、特征转移、功能分析、流分析、因果链分析、裁剪、进化趋势分析（见第2部分）。

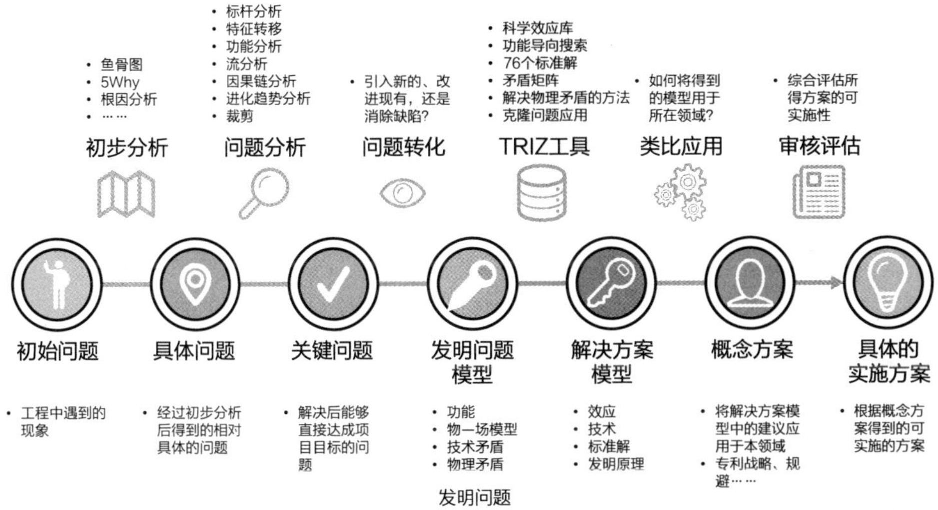

图1-4　解决问题的流程（终）

图1-4所示的流程基本能说明TRIZ中各工具的使用场景，但实际问题往往十分复杂，在分析和解决实际问题时使用该流程将导致某些问题的解题流程过长，所以我根据实际解题经验总结了如图1-5所示的分析问题流程。

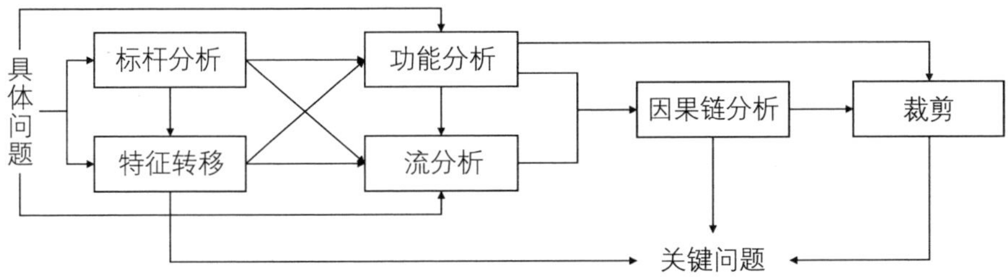

图1-5　分析问题的流程

如图1-5所示，在对初始问题进行初步分析并得到具体问题后，可以寻找并分析曾经解决过该具体问题的标杆，或者对该具体问题进行特征转移、功能分析或流分析，标杆分析和特征转移的结果也可以用来进行功能分析和/或流分析，所得到的功能缺陷或流缺陷可以作为因果链分析的输入，然后使用裁剪工具将因果链分析中存在问题的组件裁剪掉。在降本项目中，可以直接使用功能分析来分析涉及的系统，然后使用裁剪工具裁剪低价值组件。

在这些工具中，特征转移、因果链分析、裁剪都可以产生关键问题。所谓的关键问题就是，在约束条件下，为达到项目目标必须要被解决的问题，其句式如"如何……"（How to……）。

在得到关键问题后，就可以进入解决问题阶段（如果问题足够简单，不经过分析阶段直接进入解决问题阶段也是可以的）。TRIZ中的解决问题工具有：科学效应库、功能导向搜索、标准解应用、发明原理应用、克隆问题应用、ARIZ应用（见第3部分）。我建议的解决问题的流程如图1-6所示。

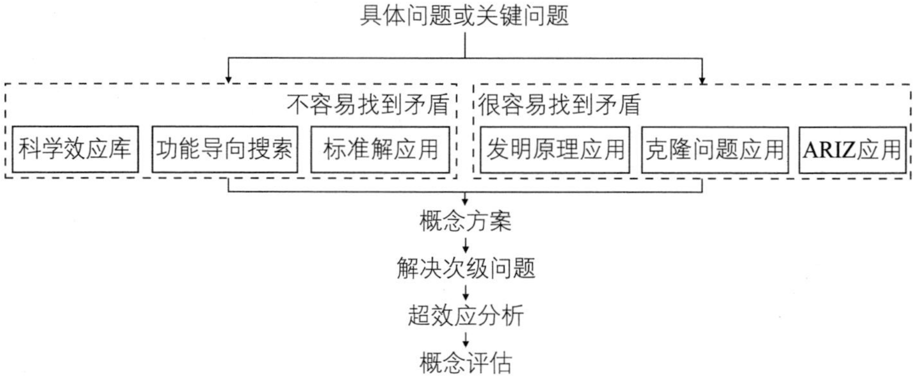

图1-6　解决问题的流程

在使用TRIZ解决问题时，有两种思路。

1. 如果在具体问题或关键问题中不容易找到矛盾（TRIZ中的矛盾

是指，在实现某一结果的过程中，出现了两种相反需求的情况，见第12章），可以使用科学效应库、功能导向搜索或标准解应用等任一或多个工具来解题。

2. 如果在具体问题或关键问题中很容易就找到矛盾，可以使用发明原理应用、克隆问题应用或ARIZ应用等任一或多个工具来解题。

图1-6中所示的解决问题工具存在并列关系，从左到右难度依次增大。

在问题解决后往往可以得到若干“有实施可能性”的概念方案，有时会存在一些使所述概念方案无法实施的原因，这些原因被称为次级问题。例如，在管道中安装滤网可以过滤杂质，但滤网也会阻挡管道中的流体，需要解决次级问题“滤网阻挡流体”才能在管道中安装滤网，这时就需要再次使用分析工具来分析并解决滤网阻挡流体的问题。

在解决完所有的次级问题后，先别着急实施概念方案，而要“让子弹飞一会”，看看其中还有哪些未曾考虑的效果，这个过程被称为超效应分析。

最后一个环节是概念评估，这需要项目组成员根据实际情况对所得到的解决方案进行仿真、有限元分析、试验等，以判断其可实施性。此外，请不要忘记对所有的概念方案和解决方案进行专利保护。

本章小结

TRIZ就像一本字典，包含了科学效应、标准解、发明原理、技术系统进化趋势等数据库（这些数据库中的内容就像字典中收录的字）。分析问题是一个根据问题的实际情况使用不同的工具将问题转化成关键问题的过程（就像查字典时将生僻字拆成偏旁部首、声母韵母等形式）。解决问题是一个将关键问题转化成不同的发明问题模型并查找相应的解决方案模型的过程（就像使用部首查字法、拼音查字法等在字典中查找对应的字）。在得到了解决方案模型后，还需要用类比的方式将其应用到实际情况中，以产生问题的最终解决方案（就像在通过查字典得到了字的读音和含义后，就可以将其应用于组词、造句等场景一样）。想要熟练地使用TRIZ，首先要知道在什么情况下才需要使用TRIZ，其次要深入了解TRIZ中的各个工具及其应用场景，再次要了解各个工具之间的关系及解决问题的最佳路径，最后要在大量的实际应用中提升对各个TRIZ工具的认识和应用技巧。使用TRIZ分析和解决问题的完整流程如图1-7所示。

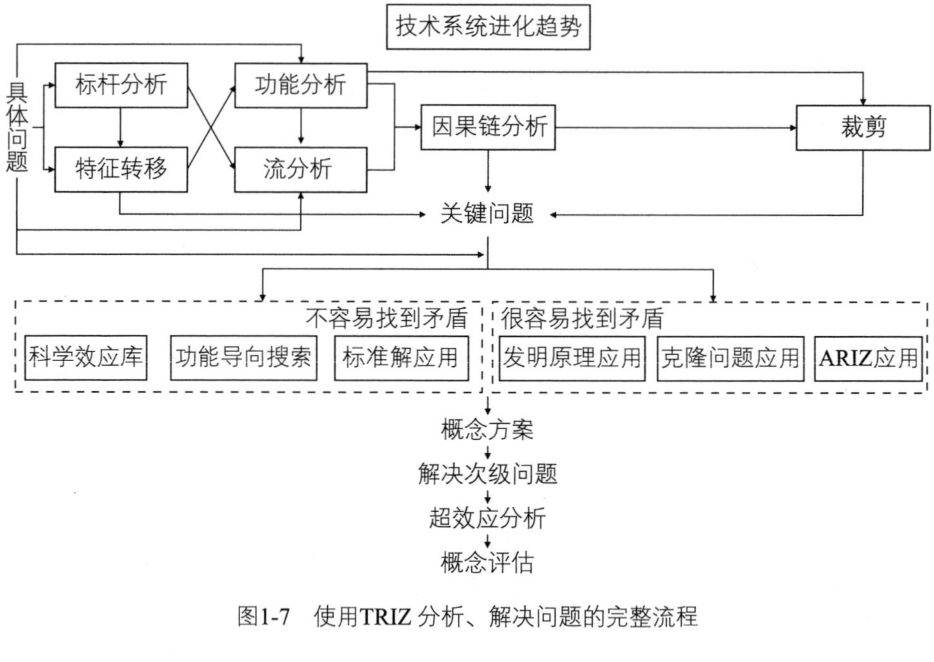

图1-7　使用TRIZ 分析、解决问题的完整流程

第2部分

TRIZ中的分析问题工具

在很小的时候，我看过童话大王郑渊洁写的一篇童话《暖气华佗》，其男主生于中医世家但没有学医。有一天，他发现当他手执寻呼机并接触家里的某一片暖气片时，寻呼机上会显示他所得的病。如果此时他将另一只手接触其他人，寻呼机上会将他和其他人的病症都显示出来。他只要将自己的病症去掉，剩下的就是"其他人"的病症。男主虽然不懂医学，但他知道看病的关键是确诊，许多病就是因为发现得太晚才成为不治之症的，早发现早治疗，患者可能就没有生命危险了。因此，他开了一间专门给病人确诊的诊所，从此走上了人生巅峰。

我认为，解决问题和给人看病一样，只要找到问题的原因其实距离解决问题就不远了。当使用现有的因果分析工具将问题分析完却没有得到满意的解决方案时，就需要引入现代TRIZ中的其他分析工具，这些工具包括：标杆分析、特征转移、功能分析、流分析、因果链分析、裁剪、进化趋势分析（不包括在下图中）。

建议的分析问题的流程如下图所示[1]。

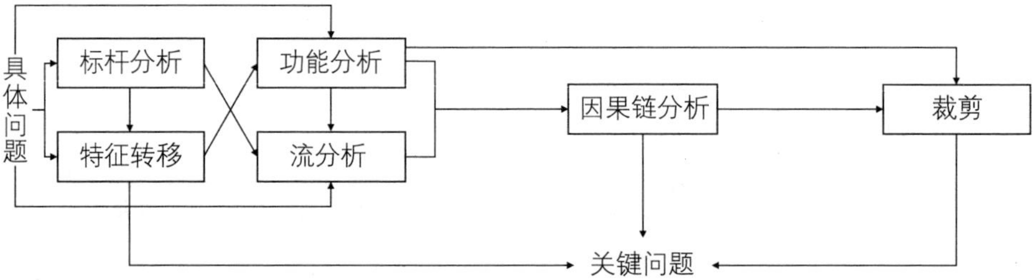

分析问题的流程

1 本流程仅为建议的顺序，并非要求读者完全按照该顺序解决问题。对于实际问题，按照该顺序解决问题可以将问题分析得更为透彻，对后续解题过程有更大的帮助。

第 2 章　标杆分析

标杆分析（Benchmarking）是一种用于确定“待改进的最佳基础系统”的分析工具。其中“待改进的最佳基础系统”就是所谓的标杆（基础系统的概念见第3章）。

名词bench mark或 benchmark源于测量。测量员在石头中凿出水平标记（mark），用来形成一个可以在其中放置角铁的工作台（bench），以便在将来准确地测定水位。标杆分析（benchmarking）常被用于使用特定指标来测量绩效，从而得出与竞争对手相比的绩效指标。

在实际工作中，如果遇到问题，最简便的方法就是寻找已经解决过相同或类似问题的解决方案（标杆），尝试使用该解决方案来解决自己的问题。如果对方的产品或技术有专利保护，则需要找对方授权或尝试规避专利。TRIZ中的标杆分析其实是一种寻找并筛选上述解决方案的方法。我将它分为两类：产品设计时的标杆分析和专利分析时的标杆分析。

2.1　产品设计时的标杆分析

在做产品设计时，首先需要确定所设计产品的主要价值参数（Main Parameter of Value，MPV），即决定客户购买决策的参数。其次需要寻找市场上能够提供该参数的产品（标杆），并分析使这些产品产生所述MPV的原因，然后将该原因转移到自己的产品上来（特征转移）。但一款产品的参数有很多，到底哪个能够“决定客户购买决策”？这是很难判断的。

1991年，惠普公司的磁盘存储部开发了一款名为Kittyhawk、容量为20MB、尺寸为1.3英寸的硬盘，该产品将销售给摩托罗拉、AT&T、IBM、苹果、微软、英特尔等公司，用于这些公司的PDA产品。经过充分市场调研，该产品能够满足上述客户的需求。但PDA产品的销售低于预期，导致Kittyhawk的销量也不尽如人意。后来，一些大型家用游戏机制造商询问惠普公司的市场营销人员能否生产一种价格更低的Kittyhawk，如果可以，它们将大量购买新的产品，同时表示它们花了很长时间才弄清楚这么小的存储设备的用途[1]。

总的来说，惠普公司设计的Kittyhawk硬盘是对移动计算机技术的一次延续性创新。在移动计算机应用领域被看重的许多指标（体积小、重量轻、能耗低、耐用性好）上，Kittyhawk都相当于对之前的2.5英寸硬盘和1.8英寸硬盘做了非持续性的延续性改进。只有容量（惠普公司在这方面走了极端）是Kittyhawk的一大缺陷。但Kittyhawk最终接到的大量订单都属于真正的“破坏性产品”，有些产品的定价为每件50美元，而且功能有限。对于这些应用领域，10MB是最为理想的容量[1]。

遗憾的是，惠普公司对Kittyhawk硬盘的定位是，进入成本高昂的PDA市场，而不是将其作为真正的破坏性产品而设计，因此，它无法接受家用游戏机制造商提出的价格。由于前期投入了大量资金以达到原来为PDA应用领域设定的目标，惠普公司的管理层已经失去了耐心，并且他们也没有资金重新设计一种更为简单的1.3英寸硬盘，以满足最终浮出水面的新应用领域的需求。最后，惠普公司在1994年年底从市场上撤回了Kittyhawk[1]。

在上述案例中，惠普公司将“体积小、容量大”作为MPV来设计产品。市场调研证明，该产品能够满足PDA制造商的需求，但PDA的销量不佳，导致Kittyhawk也遭遇失败。虽然游戏机制造商后来提出了制造“体积小、容量小”的硬盘的需求（用户自己提出了MPV），但此时的惠普公司已经无力再开发满足该需求的产品。

请看另一个案例。

2016年，同事A的儿子考上了一所离家较远的高中，为了送儿子上学，A决定买一辆车。在试驾某款车时，A的儿子发现该车的后排座椅非常舒适，于是A就购买了这款车。在这个案例中，对A的儿子来说，“座椅的舒适度”就是他影响家长购买决策的MPV。

2019年，同事B刚刚结束二胎的产假，她希望以后每周末都能和爱人带着两个孩子出去玩，她对车的要求是“车内空间大，但车体相对窄，以便停车”，所以她选择了一款后座可折叠的六座旅行车。对B来说，“车内空间大的同时车体相对窄”就是影响她购买决策的MPV。

在撰写本章时，上述的两款车都已经因销量差而停产了。两款车分别满足了不同用户的MPV，但为什么停产了？原因其实也简单：它仅仅满足了“一部分”客户的需求。对A来说，她只在乎儿子的意见——后排座椅是否舒适；对B来说，她在乎的是车内空间大的同时车体相对窄。要想同时满足A和B以及潜在的C、D等客户的需求，车企就需要生产一款“满足更多客户需求”的产品。这就需要产品设计师在设计产品前参考更多的销售数据，寻找更多合适的标杆，并将这些标杆的优点融入自己的产品。但设计师很难知道哪些具体参数能够决定大部分用户的购买决策，他只能为产品设计尽可能多的“他和公司相关人员认为的”MPV，这就增加了成本，也埋下了滞销的隐患。

在设计产品时，一般有如下两条思路。

1. 从产品侧出发，确定产品的哪些参数能够满足客户的需求（或服务客户，Serve Customer），哪些参数不能，这被称为产品之声（Voice of Product，VoP）。通过改进VoP可以改进产品。例如，饮料可以满足司机补充水分和糖分的需求但容易被快速喝完，导致长时间驾驶过程变得无聊，某快餐店研究了饮料不能满足客户需求的参数——饮用时间，推出了一款新产品“雪泥”，它可以补充水分和糖分但没法被快速喝完，使司机的长时间驾驶有了期待，雪泥因此大卖。

2. 从客户侧出发，确定哪些客户需求已被满足，哪些未被满足，即客户之声（Voice of Customer，VoC），然后根据客户的需求设计或改进产品。但根据VoC设计的产品未必能达到供应商的预期目标。例如，当航空公司询问乘客需要什么样的航空服务时，乘客往往希望有更大的空间、更美味的餐食、更优质的服务……但他们往往不愿意为他们的需求付钱。

不管哪条思路，决定大多数客户购买决策的参数都是很难预料的。即使乔布斯也有“翻车”的时候：1985年，乔布斯离开苹果公司创立了NeXT公司，并设计了一款战绩辉煌的产品——NeXTcube。蒂姆·伯纳斯·李用这款产品编写了首个万维网浏览器，约翰·卡马克用这款产品编写了《毁灭战士》（*Doom*），但该产品的销售远不如乔布斯预想的那么成功。

经验表明，TRIZ是一个更适于研发人员学习的方法论。研发人员是否具备相应的能力，以研究“决定客户购买决策的参数”？研发人员是否有时间做这些研究？这些都是需要思考的。我认为，将这些工作交给市场营销、产品规划部门会更为合适。

2.2 专利分析时的标杆分析

与做产品的标杆分析相比，我更建议读者对专利做标杆分析，毕竟TRIZ源于专利，它在专利方面更能发挥作用。在针对专利做标杆分析时，需要考虑3个问题。

1. 在哪里找专利?

专利库（国家知识产权局、欧洲专利局、美国专利局等）、知识平台（万方、维普等）、专利检索引擎（incoPat、智慧芽、佰腾等）、图书馆、搜索引擎、专业检索机构等。

读者如果没有预算，可以自行检索。其中，对于中国专利，可以在国家知识产权局（CNIPA）的网站上检索；对于外国专利，可以在欧洲专利局（Espacenet）、美国专利局（USPTO）等的网站上检索。如果有预算，一定要找专业从业人员，他们往往能迅速、准确地找到你想要的结果，大部分专利代理机构都能提供此项服务。

2. 如何检索专利?

简单来说，检索专利无非是用合适的检索关键词、检索字段和逻辑运算符（and、or、not）等将想要检索的内容表达出来，但想要写出一个好的检索式是需要经过专门训练的，这对普通人来说是一件极难做好的事。值得一提的是，中国知识产权远程教育平台上有免费的检索课程，读者可以前往学习。

3. 什么样的专利适合作为“标杆”？

下述案例是我寻找专利标杆的过程，希望对读者有所启发。

某工程师找到我，请我给他的专利申请提一些意见。当时，公司的知识产权部在对该工程师的新申请做查新检索时发现该专利没有创造性，直接在公司内部驳回了该新申请，同时提供了两个对比文献代码为“Y”的文件CN102521298A（1号）和CN104035956A（2号）[1]。

1　对比文献代码Y表示“该申请与对比文献具有特别相关性，与其他类似文件结合，可否定发明申请创造性的文献，这种结合对本领域技术人员是显而易见的”。

经查询可以发现CN102521298A（1号）和CN104035956A（2号）两个文献的法律状态都为“驳回失效”，不适宜作为“标杆”进行后续的分析。原因很简单：如果将1号和2号作为标杆，即使成功规避了它们，也有可能被“破坏1号和2号创造性的现有技术”破坏创造性。所以，我需要寻找破坏1号和2号创造性的“根”文献。

在查询后，我发现1号的创造性被法律状态为“未缴年费终止失效”的专利CN101339570A（3号）和期刊文章《基于2维行程实现栅格基态修正模型的关键算法》（文章1）破坏了。

2号的创造性又被法律状态为“驳回失效”的专利CN103390045A（4号）破坏了。继续查询可发现，破坏4号专利创造性的是法律状态为“专利权维持”的专利CN102291256A（5号）和期刊文章*HBase by example OpenTSDB*（文章2）。

上述各个文献之间的关系如图2-1所示。

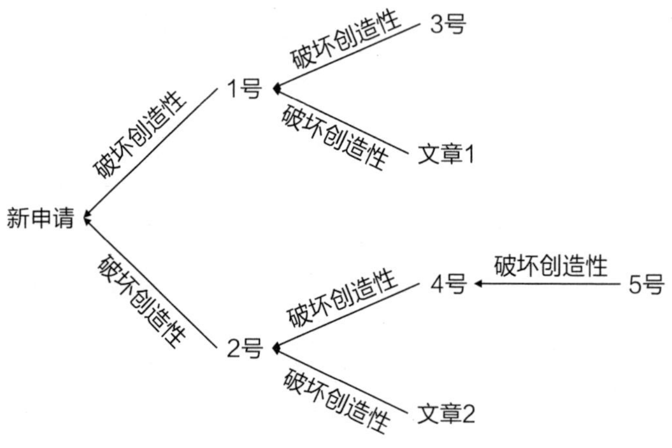

图2-1　各文献之间的关系

各文献及其法律状态如表2-1所示。

表 2-1 破坏新申请创造性的文献及其法律状态

序号	文献号	法律状态
1号	CN102521298A	无权（驳回失效）
2号	CN104035956A	无权（驳回失效）
3号	CN101339570A	无权（未缴年费）
4号	CN103390045A	无权（驳回失效）
5号	CN102291256A	有权（审定授权）

序号	期刊文章
文章1	基于2维行程实现栅格基态修正模型的关键算法
文章2	*HBase by example OpenTSDB*

读者认为应该选择上述哪个（或哪些）文献作为标杆呢?

在表2-1中，虽然3号目前处于无权状态，但它是由于未缴年费而无权的，也就意味着它在申请时有创造性，可以作为标杆。5号显然也可以作为标杆。两篇文章可以作为标杆。而其他的3个专利（1号、2号和4号）是不适宜作为标杆的。

接下来的工作就是详细分析3号和5号专利以及两篇期刊文章（分析方法见第4.2.3节的案例分析），并就工程师的新申请提出修改意见。

本章小结

做创新项目时寻找标杆是十分必要的，合适的标杆将为后续研究节省大量时间。我认为标杆分析可以分成两种情况：一是产品设计时的标杆分析，主要侧重于分析MPV，即决定客户购买决策的参数（让市场营销、产品规划部门来做这件事会更为合适）；二是专利分析时的标杆分析，TRIZ适合在专利分析时进行标杆分析，它可以分析出哪个专利更适合作为标杆，以便将其作为后续分析工具的输入。

第3章　特征转移

特征转移（Feature Transfer）是一种通过“转移备选系统的相关特征”来改进基础系统的分析工具。当读者找到与自己的问题相同或相似的解决方案（尤其是专利）后，就可以开始使用特征转移。

图3-1展示了将拟南芥苗的上部分作为接穗，移植到作为砧木的盐芥苗的下部分的过程。其中，拟南芥苗相当于上述的“备选系统”，盐芥苗相当于“基础系统”。

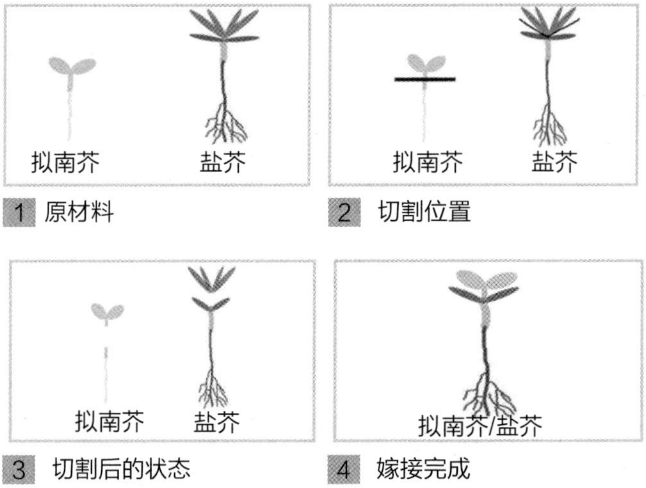

图3-1　一种拟南芥/盐芥的无菌嫁接方法[2]

特征转移其实就是一个将系统A的相关特征转移到系统B，从而改良系统B的工具。它类似我们熟知的“嫁接”，但两者有一个明显的区别：在“嫁接”中，不用考虑系统A与系统B间优缺点的关系；在“特征转移”

中，系统A和系统B间的优缺点必须完全相反。

在“特征转移”中，系统A的优点（A+）修补了系统B的缺点（B-），同时系统B的优点（B+）又修补了系统A的缺点（A-），也就是说，系统A和系统B分别解决了对方存在的技术问题。如果产生的新系统C对于本领域技术人员是“非显而易见的”，那么该结果就可能具备可专利性。

特征转移所涉及的各种系统的定义如下。

- 初始系统（Initial System）。是最初研究的技术系统。
- 竞争系统（Competitive System）。是与初始系统有相同或类似主要功能的技术系统，如车、船、飞机、电梯等，其主要功能都是“移动人/物”，它们就互为竞争系统。
- 备选系统（Alternative System）。是与初始系统具有相反优缺点的竞争系统。
- 基础系统（Basic System）。是用于接收备选系统的优点，以克服原有缺点的技术系统。它可以是初始系统，也可以是被选出的备选系统（根据具体情况来确定）。

3.1 特征转移的算法

特征转移的算法如下。

1. 确定初始系统（或组件）的主要功能。

2. 以矛盾的形式描述初始系统（或组件）的优点和缺点。

3. 寻找竞争系统。

4. 选择备选系统。

5. 选择基础系统。

6. 使用因果链分析确定备选系统中用于消除基础系统缺点的特征。

7. 描述特征转移问题。

下面我将借用拟南芥/盐芥无菌嫁接方法来套用上述算法，使读者了解算法的应用过程。

拟南芥是一种十字花科的小型野草，由于其具有生育期短、个体小、基因组小等特点，长期以来被作为遗传学、分子生物学、发育生物学研究的模式植物[2]。

盐芥属于十字花科盐芥属植物，常被作为耐盐模式植物来研究耐盐机理[2]。

本例中，我假定拟南芥为初始系统。

1. 确定初始系统（或组件）的主要功能

- 告知人（植物生长的信息）[1]。

2. 以矛盾的形式描述初始系统（或组件）的优点和缺点

在专利描述中可以看到，拟南芥有“生育期短、个体小、基因组小”等优点，而其缺点尚不明确。我假定其“耐盐性能”差。于是可以将拟南芥的优缺点以表3-1的格式进行描述[2]。

1 主要功能的定义见第4章。本例中的拟南芥是用于生物学研究的，所以在研究过程中其功能可以被定义为“告知人”（inform people）。

2 表3-1的表头中填写的是参数名称（如生命周期、耐盐性能等），读者可以根据习惯决定是否将其写为生命周期短或耐盐性能差等。

表 3-1　拟南芥的优缺点

	生育周期	耐盐性能
拟南芥	+	-

	个体	耐盐性能
拟南芥	+	-

	基因组	耐盐性能
拟南芥	+	-

注：表中“+”表示该特征（或属性）是我希望保留的，“-”表示该特征（或属性）是我不希望保留的。

在实际项目中，初始系统的优点和缺点可能有很多，研发人员对此应该相当了解。在特征转移过程中，仅须分析我最想保留的一个或几个优点（缺点），其他不关心的优缺点可以不分析。在构建上表时，一个表格在同一时间只应出现一组优缺点；如有多组优缺点，则构建多个表格（见表3-1），千万不要写到一起，否则将无法进行后续分析。

对于本例中的拟南芥，假如我只想利用其“生育周期短”的优点，则只需要保留表3-1中的第一个表格即可（选择“生育周期短”的优点不意味着放弃“个体小、基因组小”的优点，而是我并不关心后者是否出现在特征转移的结果中）。

3. 寻找竞争系统

竞争系统是与初始系统的主要功能相同或相似的技术系统。在本例中，拟南芥的主要功能是“告知人”，我需要寻找其他能够“告知人”的植物。

虽然红绿灯、测量仪器的主要功能都是“告知人”，但很显然，它们与主要工作“生物学研究”不相关，所以不予考虑。在本例中，我可以考虑所有能够用于嫁接的模式植物，如盐芥、荆芥、沙芥、黑芥、苦芥等[1]。

4. 选择备选系统

备选系统是与初始系统的优缺点相反的竞争系统。

在第4步中，我需要以表3-1为基础来分析竞争系统的优缺点，分析结果如表3-2所示[2]。

表 3-2　竞争系统的优缺点分析

	生育周期	耐盐性能
拟南芥	+	-
盐芥	-	+
荆芥	+	-
沙芥	-	-
黑芥	+	+
苦芥	-	+
……		

在表3-2中，“生育周期”列为“-”“耐盐性能”列为“+”的植物都可以作为“与初始系统的优缺点相反的”备选系统，如表3-3所示。

表 3-3　备选系统

	生育周期	耐盐性能
盐芥	-	+
苦芥	-	+

在实际项目中，可能遇到备选系统的数量为0的情况，这就需要重做第3步以寻找更多的竞争系统。千万不要通过修改某个竞争系统的优缺点来“凑数”，该行为是无法解决实际问题的。

如果备选系统的数量很多，可以根据实际情况选择多个备选系统。但

1　第3步与标杆分析很类似，只不过范围更有限，它只关心具有相同或相似主要功能的对象。
2　表3-2中各芥属植物的优缺点为假设，仅用作演示算法。

在同一时间内应只转移一个备选系统的特征，即重复第5步至第7步的操作，这样，特征转移的质量才可以得到保障。

5. 选择基础系统

基础系统是用于接收备选系统的优点以克服原有缺点的技术系统。

由于目前已有初始系统和备选系统，所以在特征转移时可以有两个思路：

1）以初始系统作为基础系统，将第4步选出的备选系统的优点转移到基础系统中；

2）以第4步选出的备选系统作为基础系统，将初始系统的优点转移到基础系统中。

上述两个思路的区别是：按照思路1，只有生产对象的特征发生了改变，生产流程不会有大的变化；按照思路2，生产对象的特征发生了改变，生产流程会有极大的变化。在实际操作中到底应用哪个思路，需要根据实际情况具体分析。

在上述案例中，按照思路1培育出来的是“具有盐芥特征的拟南芥”，按照思路2培育出来的则是“具有拟南芥特征的盐芥”。

建议将结构相对简单、容易实现、成本相对低、更能达成项目目标的系统作为基础系统。

6. 使用因果链分析确定备选系统中用于消除基础系统缺点的特征

本章的因果链分析分析的是备选系统的优点，需要分析出“备选系统有所述优点的原因是什么？哪个特征使它具有这样的优点？”它与第6章所述的因果链分析是不同的，第6章所述的“因果链分析”分析的是产生缺陷（或缺点）的原因。

如果在第5步中选择了思路1——将拟南芥作为基础系统，接下来就要分析“为什么盐芥的耐盐性能好？”其因果链如图3-2（思路1）所示。如果在第5步中选择了思路2——将盐芥作为基础系统，就需要分析“为什么拟南芥的生育周期短？”其因果链如图3-2（思路2）所示。

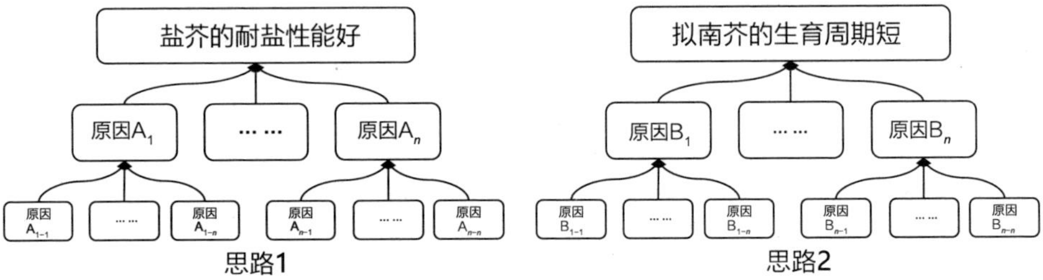

图3-2　特征转移中的因果链分析

在分析出“使备选系统具有所述优点的特征”后，就可以根据实际情况着手将该特征转移到基础系统中。

7. 描述特征转移问题

特征转移问题其实就是一个“如何（How to）”的问题。

就上例来说，如果选择思路1，特征转移问题就是：如何将“盐芥的耐盐性能好”的特征X转移到拟南芥中（以克服拟南芥的耐盐性能差的缺点）？如果选择思路2，特征转移问题就是：如何将“拟南芥的生育周期短”的特征Y转移到盐芥中（以克服盐芥生育周期长的缺点）？

3.2 特征转移，“转移”了什么

想要获得一份发明专利授权，“新申请”需要具有新颖性、创造性、实用性。判断新申请是否具有上述“三性”是比较复杂的，尤其是其中的“创造性”，需要使用“三步法”来判断新申请对“本领域的技术人员”是否是“显而易见”的。

如果仅将备选系统的实体部分转移到基础系统中，产生的新方案对“本领域技术人员”可能是“显而易见”的，就有可能破坏新申请的创造性，这是大家都不想见到的。如果找到了“使备选系统具有所述优点的特征”并将其转移到基础系统中，克服基础系统的缺点，产生的新方案对“本领域技术人员”可能就是“非显而易见”的，也就使新申请有了获得发明专利授权的可能。这就是本工具被称为“特征转移”的原因。

与直接转移实体组件相比，转移“特征”常被应用于空间不足、不可使用空间分离的情况，它具有难度大、（生成的方案具有）可专利性、不易被他人抄袭、（实施过程）不易侵犯他人专利权等特点。

特征转移的算法如第3.1节所述，其中的初始系统就是读者现在正在使用或研究的产品（或该产品的一部分），产品的主要功能按照第4章的方法来定义，优缺点的撰写参照表3-1，使用专利库来寻找竞争系统（确定若干最接近的现有技术），备选系统按实际情况选择，基础系统遵循步骤5所述的建议，因果链分析尽量与最熟悉该系统的工程师一起完成，最后再提出特征转移问题，并尝试解决它。

3.3　案例分析

常用的钉子很容易穿透物体，但它们往往也很容易被拔出，如图3-3所示。

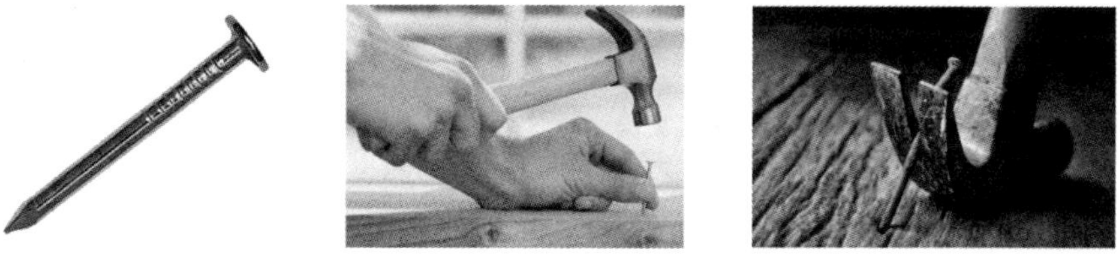

图3-3　钉子（来源：pixabay网站）

现在，希望使用特征转移找到一种“既容易穿透物体，又不易被拔出的钉子”（案例仅用于阐述特征转移的使用方法）。

1. 确定初始系统（或组件）的主要功能

- 钉子hold（固定）物体（或者钉子保持物体的位置）。

功能的定义见第4章。在上述功能定义中，我使用了“hold”作为功能动词，没有使用“固定”，因为我感觉“固定”不能准确表达“保持物体位置”的含义，所以使用了英文。读者可以将其改成自己觉得合适的动词。

2. 以矛盾的形式描述初始系统（或组件）的优点和缺点（见表3-4）

表 3-4　初始系统（或组件）的优点和缺点

	穿透难易度	牢固程度
钉子	+	-

3. 寻找竞争系统

- 只要能够“hold物体”的产品，都是钉子的“竞争系统”。
- 可以从周围寻找能够“hold物体”的事物（包括气体、液体、固体），并将其列出。
- 可以使用专利库，通过设置合适的关键词来检索现有技术，找到自己觉得合适的竞争系统（想要产生优质的方案，检索专利或文献是十分有必要的）。
- 在本例中，螺钉、绳子、皮筋、锁、胶水、焊接等都可以作为竞争系统。

4. 选择备选系统

- 在表3-5中，对于“穿透难易度”列，“+”表示该系统“容易穿透物体”，“-”表示“不易穿透物体”。对于“牢固程度”列，“+”表示“牢固程度高”，“-”表示“牢固程度低”（优缺点应与初始系统——钉子——相比。如果竞争系统是从专利库中检索出来的，则需要仔细阅读专利说明书。焊接在穿透难易度列没有符号，表示它没有这一属性）。通过筛选可得出如表3-6所示的备选系统列表。

表 3-5　竞争系统优缺点分析

	穿透难易度	牢固程度
钉子	+	-
螺钉	-	+
绳子	-	-
皮筋	-	-
锁	-	+
胶水	-	-
焊接		+
……		

表 3-6　备选系统列表

	穿透难易度	牢固程度
螺钉	-	+
锁	-	+

- 表3-6中的螺钉和锁都可以作为备选系统。根据实际情况，可以只选择一个，也可以选择多个。如果选择多个，则需要分别执行第5步至第7步。
- 在本例中，我选择螺钉作为备选系统（见表3-7）。

表 3-7　初始系统与选定的备选系统

	穿透难易度	牢固程度
钉子	+	-
螺钉	-	+

5. 选择基础系统

- 在本步骤中，既可以选择钉子作为基础系统，生产“具有螺钉的牢固程度高这一特征的钉子”，也可以选择螺钉作为基础系统，生产“具有钉子的容易穿透物体这一特征的螺钉”。具体选择钉子还是螺钉作为基础系统取决于企业现有技术和未来发展方向。

- 在本例中，我选择钉子作为基础系统。

6. 使用因果链分析确定备选系统中用于消除基础系统缺点的特征

由于选择了钉子作为基础系统，则第6步应分析“螺钉的牢固程度为什么高”（图3-4是我分析的结果，仅供参考，读者可以有不同的分析结果）。

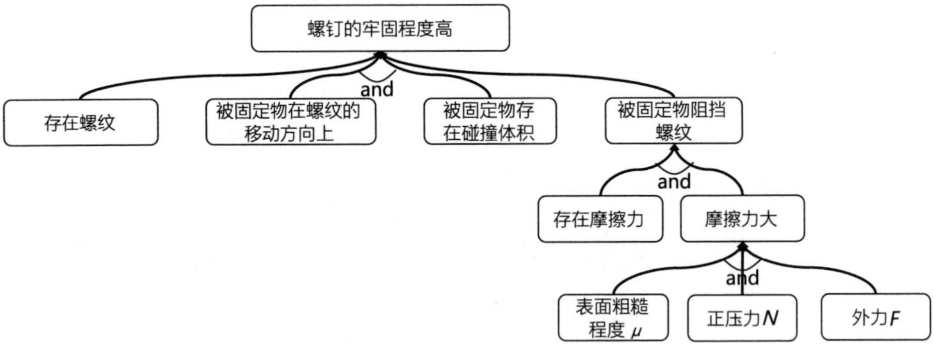

图3-4 螺钉牢固程度高的因果链分析

在图3-4所示的因果链中，我需要根据情况选择合适的原因，并将其作为“特征”转移到基础系统中，以消除基础系统的缺点。

7. 描述特征转移问题

- 假定选择“存在螺纹”为待转移的特征，则产生的特征转移问题是：“如何将螺纹转移到钉子上？”
  - 因为螺纹（凸起的部分）是实体组件，直接转移就可以。
- 假定选择“表面粗糙程度”为待转移的特征，则产生的特征转移问题是:“如何将‘表面粗糙度高’的特征转移到钉子上?”即如何增加钉子的表面粗糙度?

- 表面粗糙度是一个特征,不能如上述的螺纹一样直接转移过来,我需要想到一些具体的实现手段,例如,给钉子加倒刺。
- 技术矛盾。如果给钉子加倒刺,钉子表面的确变粗糙了,但是不易加工(有关技术矛盾的详细描述,见第12.1节)。
- 物理矛盾。为了使钉子表面粗糙,需要给钉子加倒刺。但是,为了容易加工,不能给钉子加倒刺(有关物理矛盾的详细描述,见第12.2节)。
- 读者可以在读完第12章后,使用解决技术/物理矛盾的方法解决上述矛盾。

本章小结

特征转移是一个非常好用的工具,我们可以用它将标杆中的优点转移到初始系统中,以规避现有技术并产生高质量的专利。或者将标杆作为基础系统并将初始系统的优点转移到标杆中,在克服自身缺点的同时,也解决标杆中存在的问题,然后开启新的业务。读者需要综合考虑实际情况以确定具体选择哪条路径。

第4章 功能分析

功能分析源于价值工程（Value Engineering），是一种识别和理解项目、产品或服务需求的技术，其中的“功能”侧重于事物“做了什么”而不是“它产生了什么效果”。例如，瓶盖的功能是“阻挡水和空气”，而不是“密封瓶身”。

功能分析可以将使用者的注意力从预期的解决方案转移到所需的性能或需求上，使个人或团队清楚地理解并认可项目、产品或服务的实际需求。

当你要改进自己的产品/标杆（或方法），或者进一步分析需要进行特征转移的系统时，可以根据对象的种类选择具体的功能分析类型。

TRIZ中的功能分析有两种类型：1）产品的功能分析；2）流程的功能分析。它们分别针对产品和流程（或方法）的功能进行具体分析。

分成这两类非常简单，因为专利有两种：产品专利和方法专利。你可以用产品的功能分析来分析产品，从而形成产品专利（或分析并规避被分析的产品专利）。你也可以用流程的功能分析来分析方法，从而形成方法专利（或分析并规避被分析的方法专利）。

功能分析不但可以用于分析具体问题，还可以帮助技术人员写出质量更高的技术交底书，更可以用于规避现有技术，是分析技术系统的绝佳工具。

几乎所有的产品在设计或工作时都会涉及流程，理论上，在分析问题时应先分析流程，再分析其中涉及的产品——这样做更为合理，但由于产品的功能分析更容易理解，所以我调整了阅读顺序。

4.1 产品的功能分析

产品的功能分析（Function Analysis for Product）是一种分析技术系统及其超系统所执行功能的方法和工具。产品的功能分析可以帮助使用者更好地理解、提取、分类技术系统中的功能关系并将其可视化，从而对功能进行排序并识别问题。

所谓的产品（Product）包括所有由人创造出来的物品。例如，对机器、设备、部件、仪器、装置、用具、材料、组合物、化合物等做出的发明创造。

产品的功能分析由3个步骤构成：1）组件分析；2）相互作用分析；3）功能建模。

4.1.1 组件分析

组件分析是功能分析中用于确定被分析的技术系统及其超系统组件的步骤。

其中，技术系统是指若干有相互作用的组件的集合。一般来说，它指的是你正在研究的对象，其范围可以根据实际情况进行调整。例如，如果你当前研究的产品是一个衣架，那么衣架就是技术系统；如果你只关心衣架上的挂钩，那么挂钩才是技术系统。子系统是技术系统的组成部分。超系统是包括技术系统在内并与之相关的系统。

技术系统、子系统、超系统之间的关系如图4-1所示。

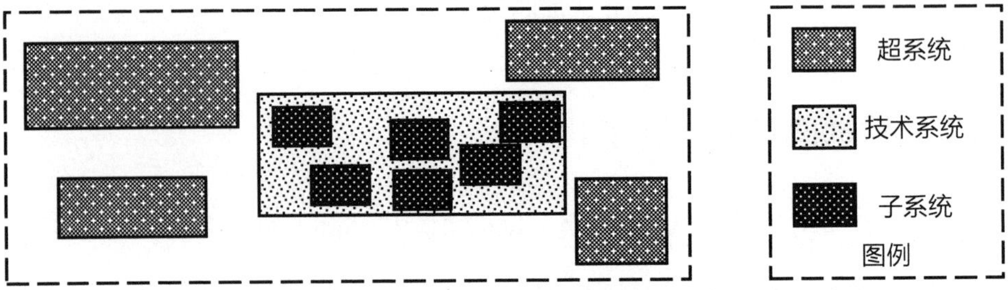

图4-1　技术系统、子系统、超系统之间的关系

通常，组件是构成技术系统或其超系统的一部分的实体，它有3种类型。

1. 物质。物质是构成宇宙间一切物体的实体，如水、空气等。

2. 场。场是一种看不见、摸不着，但又确实存在的特殊物质，它在组件之间传递相互作用，如重力场、磁场等。

3. 物质和场的组合。如磁流体。

在判断“某个对象是否为组件”时，应严格按照上述3种类型来确定。

在判断“真空是否为组件”时，由于人们对真空的理解不一样，需要先查询真空的定义：“真空，按其词源原本是指虚空，即一无所有的空间。工业和真空科学中的真空指的是，当容器中的压力低于大气压力时，把低于大气压力的部分叫作真空，而把容器内的压力叫作绝对压力。另一种说法是，凡压力比大气压力低的容器里的空间都被称作真空。”如果读者按照真空的词源来理解，真空中既没有物质也没有场，不是组件。但如果按照工业和真空科学中的定义来理解，真空中有物质，所以它是组件。由于TRIZ是用于解决实际问题的，所以应该按照后一种方式来理解，即真空是组件。例如，“颜色”是组件吗？很显然，颜色是一个参数或属性，它既不是物质或场，也不是物质和场的组合，所以它不是组件。

组件分析有时很难，其难点在于我们很难确定技术系统的范围。

如果确定的范围太大，在后续分析中会做很多无用功，导致工作量增加且十分容易出错。如果确定的范围太小，则对分析问题帮助不大。我建议将技术系统的范围确定到：1）想要引入的设备；2）需要改进的设备；3）出现问题的区域；4）想要申请专利保护的设备。

组件分析的目的是，将技术系统及与之相关的超系统组件列出来以备后续分析。我将通过“眼镜”案例来介绍具体的操作（见图4-2）。

图4-2　眼镜（来源：pixabay网站）

表4-1为所述眼镜的组件列表。

表 4-1　组件列表

技术系统	系统组件	超系统组件	目标
眼镜	镜片	眼睛	光线
	镜框	鼻子	
	镜腿	耳朵	

对于表4-1所示的组件，需要注意的问题包括：

1. 技术系统的“目标组件”一定是超系统组件。因为目标组件不包含在技术系统中，它是技术系统主要功能的作用对象。在写目标组件时，如果发现目标组件是最初定义的技术系统的一部分，说明你最开始的范围划错了。

2. 在技术系统中，如果有若干同类的且功能一样的组件，则可以只写一个。例如，一副眼镜有两条镜腿，在组件列表中写一个就行，但你得知道系统中有多少个这种组件。如果两个镜腿的功能不同则需要分开写。

3. 一个组件到底是系统组件还是超系统组件对相互作用分析的影响不大，但会影响功能建模及后续的各种分析，而且会影响日后写“技术交底书”的质量。所以，准确地定义系统边界是极其重要的。在专利中想保护的组件，一定是系统组件；在专利中不想保护的组件，可以是系统组件，也可以是超系统组件。如果该组件是系统实现功能所必需的，应根据情况将其列为系统组件或超系统组件；如果该组件不是系统实现功能所必需的，该组件一定是超系统组件。

4. 读者可以根据情况确定是否要将鼻托、连接件（如螺丝）等列在组件列表中。当然，你也可以在后续分析中对列表中的条目进行增减、修改。虽然组件列表很重要，但不建议在最初阶段投入过多的时间来追求一个“完全正确的组件列表”。

5. 一般来说，系统组件加上超系统组件和目标的数量最好控制在10个左右，如果列多了会让后续分析变得特别复杂。

6. 如果要对专利做功能分析，只列出权利要求书中所述的各个组件即可。如果有多项权利要求，可以根据情况只列出独立权利要求中所述的组件。

4.1.2 相互作用分析

相互作用分析用于分析“组件分析”中所列出的各组件之间的相互作用关系。

在TRIZ中，相互作用的定义极为简单：接触。只要两个组件有“接触”，它们之间就有相互作用。例如，将水杯放在桌子上，因为水杯和桌子有接触，所以二者之间有相互作用。水和桌子没有接触，所以没有相互作用。

“场”也是组件，但通过“场”来实现的相互作用是不可见的，在实际问题中很容易被忽略。所以，当组件列表中有“场”时，读者要特别注意它与其他组件之间的相互作用。例如，磁铁与铁块之间、物体与光之间是存在相互作用的。

具体做法是，填写如表4-2所示的相互作用矩阵。

表 4-2　相互作用矩阵

	A	B	C	……	X
A					
B					
C					
……					
X					

在填写相互作用矩阵时，需要执行以下步骤。

1. 将组件列表中的系统组件和超系统组件按序填入矩阵的第一行和第一列，如表4-3所示。

表 4-3　眼镜的相互作用矩阵

	镜片	镜框	镜腿	眼睛	鼻子	耳朵	光线
镜片							
镜框							
镜腿							
眼睛							
鼻子							
耳朵							
光线							

2. 观察技术系统（如果没有，就观察结构图），沿着表格的横向（或纵向），逐行（或逐列）两两判断组件之间是否有相互作用。其中，相同组件之间（处于左上至右下的对角线）的相互作用不用判断。在表4-3中，

先判断镜片与镜框之间是否有接触。如果有接触就有相互作用，可在交叉的单元格中标记“+”；如果没有接触就没有相互作用，可标记“-”。随后，再判断镜片与镜腿之间是否有相互作用，有相互作用就标记“+”，没有相互作用就标记“-”。直到把单元格填满，如表4-4所示。

表 4-4　眼镜的相互作用矩阵（已填写）

	镜片	镜框	镜腿	眼睛	鼻子	耳朵	光线
镜片		+	-	-	-	-	+
镜框	+		+	-	+	-	+
镜腿	-	+		-	-	+	+
眼睛	-	-	-		-	-	+
鼻子	-	+	-	-		-	+
耳朵	-	-	+	-	-		+
光线	+	+	+	+	+	+	

3. 也许，有的读者会认为表4-4中的光线仅仅是进入眼睛的光线，它与耳朵、鼻子等没有接触，应该标记“-”，这是可以的，而且对后续的判断没有影响。

4. 如果某个组件与其他组件之间没有相互作用（单元格内标记“-”）。首先检查是否出现判断错误，如果判断无误，则说明该组件与其他组件之间确没有相互作用，可以将其删除。

5. 一定要将矩阵填写完整。如果第一行和第一列的组件顺序是相同的，矩阵的内容应该沿左上至右下的对角线对称。如果不对称，说明对某些组件之间的相互作用关系判断错了。

6. 尽量避免做动态情况下的相互作用矩阵。如果一定要做，可以根据系统的不同状态做若干不同的相互作用矩阵。

7. 在相互作用矩阵中，至少应该有一组标记了“+”，否则所分析的系统就没有存在的意义。

8. 有时可能无法确定某两个组件之间是否有相互作用，处理方法很简单——直接填“+”就可以了。除了会稍微增加后续的工作量，不会影响分析质量。

9. 相互作用分析的判断过程比较主观，建议由多位熟悉被分析系统的、学习过功能分析的工程师一起做，来消除因主观判断带来的误差。

4.1.3　功能建模

功能建模是基于相互作用矩阵建立技术系统的功能模型的过程。其中，功能指的是功能载体改变（或保持）功能对象某个参数的行为。这里的功能载体是发出功能的组件。功能对象是接受功能的组件。

TRIZ中的功能与日常生活中的功能不同，例如，在TRIZ中，洗发水的功能是“去除油脂或移除污垢”而不是洗头发，因为洗发水并没有改变头发的参数。有人可能认为，洗发水改变了头发的“干净程度”，但干净程度其实不是头发的参数，头发脏了是因为头发附着了油脂或污垢，将其去除后头发自然就干净了。润滑油的功能是“隔离物体”而不是润滑物体，因为润滑油没有改变物体表面的光滑度，它用来“隔离”将要相互接触的物体。物体一旦被“隔离”且还能够完成相对运动，它们之间也就实现了“润滑”的效果。红绿灯的功能是“告知人（路况信息）”而不是控制交通，因为红绿灯并没有改变交通，它仅告知人路况信息，通过使人遵守交通规则来控制交通。

如图4-3所示，功能在TRIZ和日常生活中的差异为：在TRIZ中，功能关注的是功能载体改变或保持功能对象某个参数的行为，是过程性定义；

而在日常生活中，功能关注的是得到的结果，是结果性定义。洗发水通过去除油脂或污垢来得到清洁头发的结果；润滑油通过“隔离”相对运动的物体来得到润滑物体的结果；红绿灯通过告知人来得到控制交通的结果。

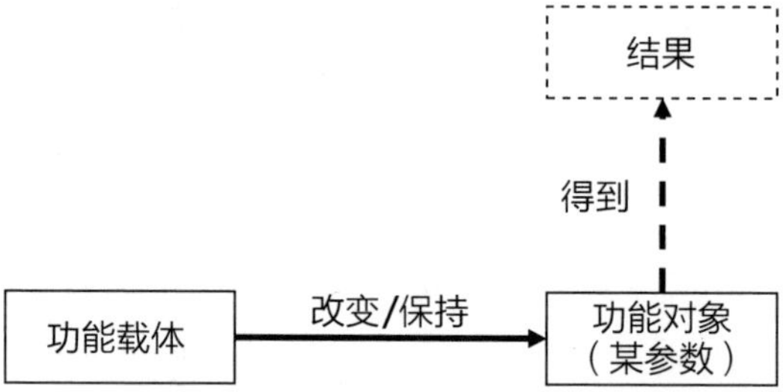

图4-3　功能在TRIZ和日常生活中的差异

TRIZ中的功能描述可以让使用者更准确地描述系统及其组件“如何做某事”。如果在分析问题时能正确地定义某个组件的功能，就可以迅速找到当前功能的替代品，对后续解题帮助极大。

为了顺利建立功能模型，使用者首先要了解功能的不同类型，如图4-4所示。

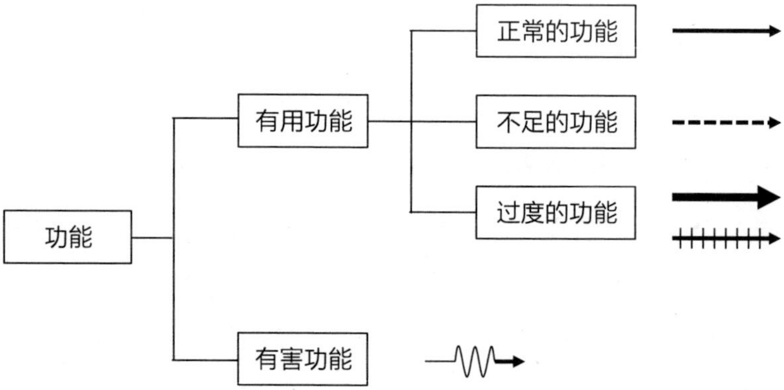

图4-4　功能的类型

其中，

- 有用功能是由功能载体执行的，积极改变（或保持）了功能对象的参数值的功能。在产品功能中，可以满足人们期望的功能就是有用功能。例如，针可以“引导”线，这是我需要的功能，该功能就是有用功能。针可以扎破人的手指，这不是我需要的功能，该功能就是有害功能。为了避免该有害功能的影响，我可以引入“顶针”来阻挡针。有用功能包括：

- 正常的功能。即性能水平等于所需性能水平的有用功能。
- 不足的功能。即性能水平低于所需性能水平的有用功能。
- 过度的功能。即性能水平超过所需性能水平的有用功能。

例如，使用削皮刀可以“去除”果皮，该功能是我需要的，是有用功能。如果刚好能将果皮削去，则该功能是正常的功能；如果刀钝了削不动水果，则该功能是不足的功能；如果在削果皮的同时削掉了大量果肉，则该功能就是过度的功能。

- 有害功能是功能载体对功能对象执行功能后，导致功能对象的参数发生了不可接受的改变的功能。例如，如果在用削皮刀削水果时不小心削掉了手上的一块肉，对手来说该“去除”功能就是有害的。

除了上述的分类，还有一种特殊的功能——主要功能。主要功能指的是系统被设计出来要实现的首要功能。产品必须有1个以上的主要功能，否则它就没有被设计的意义。但具体有多少个主要功能取决于产品设计人员想让它执行多少个有用功能，例如，瑞士军刀可以“分割、旋转、移动……”物体。

图4-5展示了在功能建模过程中要使用的图例。

图4-5　用于功能建模的图例

两个物体之间必须要满足以下3个条件才存在功能。

1. 两个物体都是组件，即它们是物质、场或物质和场的组合。

2. 组件之间存在相互作用，即接触。

3. 功能载体改变或保持了与之存在相互作用的功能对象的某个参数。

例如，在眼镜的案例中，如何判断镜框和镜片之间是否存在功能呢？

首先，镜框和镜片都是物质，可以作为组件，满足条件1。

其次，根据表4-4，交叉单元格中的标记为“+”，表明存在相互作用。

最后，判断镜框是否改变或保持镜片的某个参数。如果无法确定，最简单的方法是把功能载体去掉，看看功能对象会发生何种变化。如果去掉功能载体后功能对象不发生任何变化，则功能载体未改变或保持功能对象的某个参数，也就不存在功能。但如果去掉功能载体后功能对象发生了变化，则功能载体肯定改变或保持了功能对象的某个参数，也就存在功能。在眼镜的案例中，如果将镜框去掉，镜片就会掉到地面上，所以镜框保持了镜片的位置参数，满足条件3——存在功能，该功能的动作是“保持……位置”，即“支撑”。反过来，如果去掉镜片，镜框会发生变化吗？不会，所以镜片没有改变或保持镜框的某个参数——不存在功能。

有的读者可能认为，镜片有一个“压”镜框的功能，此时要根据实际情况来考虑是否存在“镜片过重导致压镜框”的问题。如果存在该问题，则存在“镜片压镜框”的有害功能。如果不存在该问题，就没必要纠结是否存在“镜片压镜框”的功能。

综上所述，在TRIZ中功能并不一定是双向的，即存在A对B有功能，B对A没有功能的情况。当然，还存在A与B之间相互都没有功能的情况。

同一物体在不同状态下的功能也可能是不同的。例如，门在“开”和

“关”两个状态下对人的功能就是不同的。其判断过程如下：

1. 判断两个物体是否都是组件。

- 不管门开着还是关着，它都是物质，是组件。
- 人是物质，是组件。

2. 判断组件之间是否存在相互作用。

- 人要从门通过，关着的门会与人接触，所以有相互作用；
- 开着的门不会与人接触，所以没有相互作用。

3. 判断一个组件是否改变或保持另一组件的某个参数。

- 当门关着时，人无法通过。如果我把“关着的门”去掉，人就可以通过了。所以关着的门“保持”了人的（位置）参数，它对人有功能——阻挡。如果把人去掉，关着的门的参数没有变化，所以人对关着的门没有功能。
- “开着的门”与人之间没有相互作用，所以就不用判断是否存在功能了。

在描述功能时，可使用的描述方法有以下两种（以矿泉水瓶的主要功能为例）。

1.（功能载体+）动词+功能对象——V+O。

- （矿泉水瓶）容纳液体。

2.（功能载体+）动词+功能对象+参数——V+O+P。

- （矿泉水瓶）保持液体的位置。

在定义功能时，需要注意以下事项。

1. 可以根据情况决定是否写功能载体。这就是上文在描述功能时，将矿泉水瓶放在括号里的原因。

2. 不可以使用“负面定义”。例如，对于瓶盖的功能（“阻挡液体”），不可以将其定义成“不让水流出”。因为，“不让水流出”的范围太大，不适合寻找替代品来解决问题。

3. 要根据实际的目的来定义功能。例如，我们一般说空气冷却茶水，而不说茶水加热空气。因为，在一般情况下，研究茶水加热空气所引起的参数变化可能对问题研究没有意义。但如果在一个对温度要求极其严格的实验室内，就需要考虑茶水加热空气的问题。

4. 在定义功能时，描述的是功能载体的主要功能。例如，瓶盖的功能是“阻挡水”，此时不需要考虑矿泉水瓶是正放还是倒放（不用判断水是否与瓶盖接触），就像描述空调的功能（冷却或加热空气）一样，不需要考虑空调是否开机。

5. 在进行功能建模时，采用的形式是“动词+功能对象”——V+O。

根据图4-2、表4-1、表4-4，眼镜的功能模型如图4-6所示。

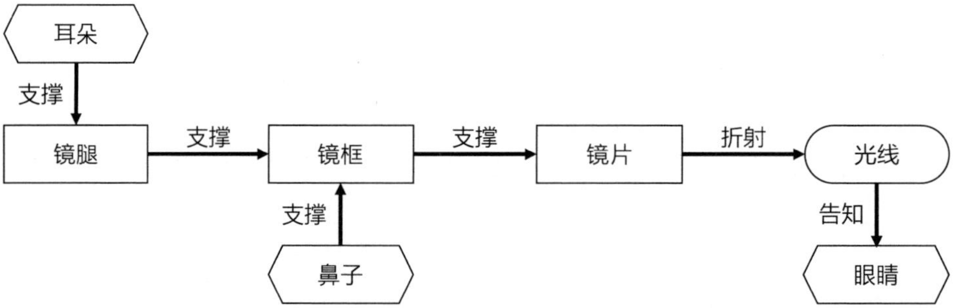

图4-6 眼镜的功能模型

对功能建模的一些说明。

1. 描述功能的“动词”没有统一的标准。有时，由于“一词多义”或不同读者对同一词汇的理解不同，可能产生“对同一功能的描述截然不同”的情况。不用强求别人和你使用同样的动词，只要能精确表达自己的意图即可，在必要时可以使用其他语种，如英语。

2. 功能模型没有标准答案，这也意味着，不同的人针对同一系统做出的功能模型是不同的。如图4-6所示，如果有人认为应该考虑重力，就可以把重力画进去。但如果对某一专利进行功能分析，则功能模型应该是确定的，因为在权利要求中会明确定义组件及其相互作用。

3. 功能建模的输出有两个，一个是如图4-6所示的功能模型，另一个是功能缺陷列表。因为我使用的眼镜案例没有缺陷，也就没有给出缺陷列表。如果读者认为存在有害功能，如“镜框压鼻子”，则可以将该功能补充至功能模型并用列表的形式将其列出。

4.1.4　案例分析

4.1.4.1　亮片

图4-7所示的“亮片”是一种假饵（俗称路亚），钓鱼者拉动鱼线使亮片在水中移动，通过用亮片模拟小生物的方式来吸引鱼的攻击。

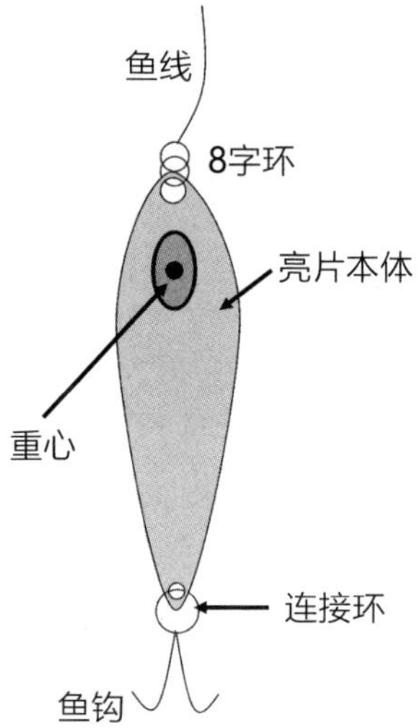

图4-7　亮片简图

设计人员发现：亮片的重心越靠近8字环，亮片就越容易被投掷到想要投钓的钓点，但这会使亮片靠近鱼线的一端先入水，如果此时刚好有鱼咬钩，就会连鱼线一起吞下导致鱼线被磨断，造成“切线”。如果亮片的重心远离8字环，投钓后会使亮片远离鱼线的一端先入水，鱼就不会咬到鱼线，但这样又会造成投钓不准（见图4-8）。

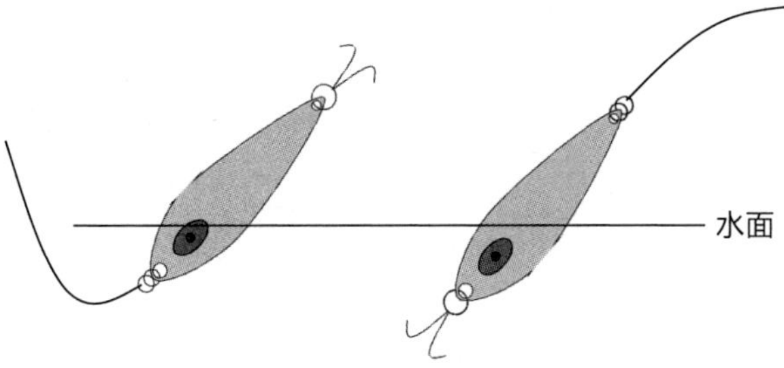

图4-8　两种亮片入水的方式

接下来，针对重心靠近8字环的亮片在入水瞬间被鱼咬住的情况（图4-8中的左侧图形）进行功能分析。

1. 组件分析

亮片的组件分析如表4-5所示[1]。

表 4-5　亮片的组件分析

技术系统	系统组件	超系统组件	目标
亮片	亮片本体	鱼线	鱼
	8字环	水	
	连接环		
	鱼钩		

1　读者可以根据自己的理解增减组件。请注意，重心不是组件，如果要体现重心可以将重力列入表中。

2. 相互作用分析

亮片的相互作用分析如表4-6所示[1]。

表4-6　亮片的相互作用分析

	亮片本体	8字环	连接环	鱼钩	鱼线	水	鱼
亮片本体		+	+	-	-	+	+
8字环	+		-	-	+	+	+
连接环	+	-		+	-	+	+
鱼钩	-	-	+		-	+	+
鱼线	-	+	-	-		+	+
水	+	+	+	+	+		+
鱼	+	+	+	+	+	+	

3. 功能建模

亮片的功能建模如图4-9所示[2]。

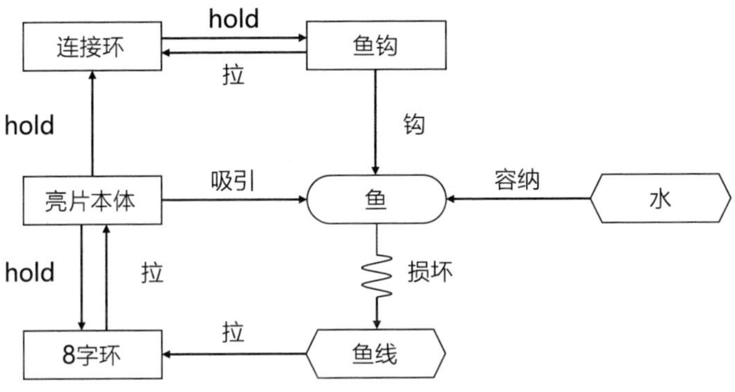

序号	功能缺陷
1	鱼损坏鱼线

图4-9　亮片的功能建模

1　在表4-6中，鱼和8字环、连接环是否接触不好判断，可以先记为“+”，待进入第3步后再处理。

2　图中我使用了hold作为功能动词，因为我找不到合适的动词来描述该功能，读者可以将其更换为自己认为合适的中文动词。读者做的功能模型可能和我做的不同，这是正常的。因为不同人对同一事物的理解不同，读者按照自己的理解绘制即可。

4.1.4.2　管道的改造

在使用管道输送液体时，因各种原因，液体会产生压力脉冲（pulse），当压力脉冲的频率与管道固有频率接近时，会使管道壁产生裂缝，严重时会导致液体泄漏。

为了避免出现上述事故，企业在管道内安装了金属网。金属网吸收了压力脉冲，保护了管道但增加了内阻，使液体流速降低，输送效率下降，如图4-10所示。

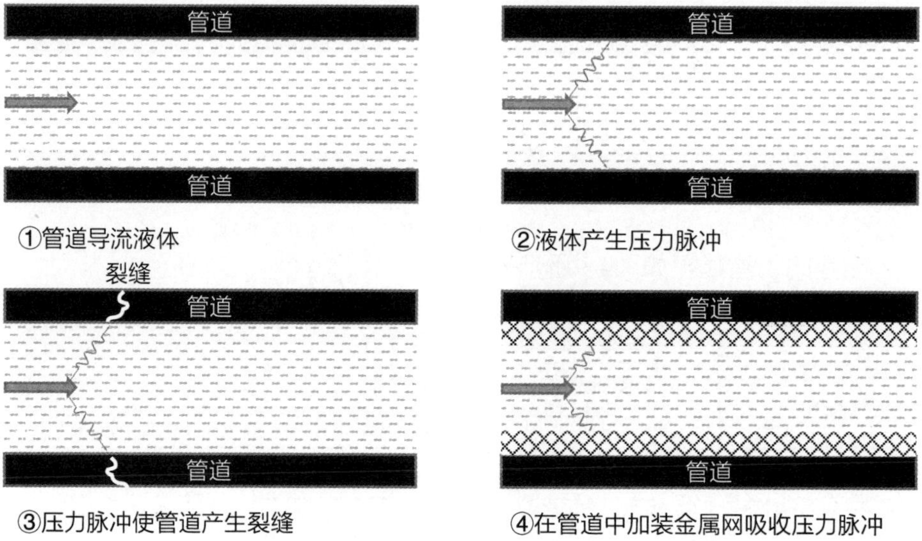

图4-10　改造管道的过程

现针对图4-10的第④步进行功能分析。

1.组件分析

管道的组件分析如表4-7所示。

表 4-7　管道的组件分析

技术系统	系统组件	超系统组件	目标
（吸收压力脉冲的）金属网	金属网	管道	压力脉冲
		液体	

2.相互作用分析

管道的相互作用分析如表4-8所示[1]。

表 4-8　管道的相互作用分析

	金属网	管道	液体	压力脉冲
金属网		+	+	+
管道	+		+	+/-
液体	+	+		+
压力脉冲	+	+/-	+	

3.功能建模

管道的功能建模如图4-11所示。

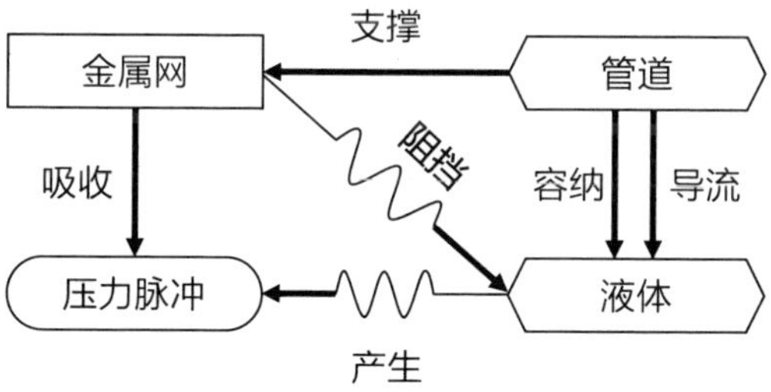

序号	功能缺陷
1	金属网阻挡液体
2	液体产生压力脉冲

图4-11　管道的功能建模

4.2 流程的功能分析

在专利法中，方法指的是：把一种物品变为另一种物品所使用的或制

1　在表4-8中，压力脉冲与管道之间可以是“+”，也可以是“-”，关键看读者怎么理解。如果是“+”则需要注意，与管道接触的压力脉冲已经不是原来由液体产生的压力脉冲，因为其频率已经被金属网改变。在解决实际问题时，不要出现“+/-”这样的表达，对于不确定是否有相互作用的情况，可以统一使用“+”。

造一种产品的方法和手段，或者为解决某特定技术问题而采用的手段和步骤的发明[3]。其中，它包括制造方法、加工方法、具有特定用途的方法（使用方法）。

流程的功能分析（Function Analysis for Process）是一种“识别和分类方法（发明）中各个操作的功能”的分析工具（其实，将本工具称为“方法的功能分析”更为合适，只是这样读起来有点奇怪，所以本书统称为“流程的功能分析”）。

其步骤包括：组件分析、功能建模。

4.2.1 组件分析

组件分析是流程的功能分析的第1步，用于识别流程（或方法）中的各个操作（Operation）及其顺序。

在流程的功能分析中，组件指的是构成流程的操作（Operation），可以将其理解为工艺中的步骤。组件分析的产出可以是各个步骤的文字说明，也可以是一个类似表4-9的表格（将文字说明放在表格中）。

表 4-9 凹凸棒绿茶液体牙膏的组件分析

操作的序号	操作名称	具体描述
操作1	杀青新鲜茶叶	将采摘后的新鲜茶叶进行蒸汽杀青，蒸汽温度控制在100℃~110℃，杀青时间控制在6~60秒
操作2	搅拌混合物	将凹凸棒绿茶液体牙膏的配料加入搅拌机进行低速搅拌。在混合均匀后输入粉碎打浆机以形成凹凸棒绿茶液体牙膏的混合物。搅拌机的速度控制在2500~3000转/分钟
操作3	研磨混合物	将操作2获得的混合物输入多功能胶体磨进行研磨，以制成凹凸棒绿茶液体牙膏的半成品，颗粒细度小于0.015mm。多功能胶体磨的速度控制在2900转/分钟
操作4	制造液体牙膏	将操作3获得的凹凸棒绿茶液体牙膏的半成品进行真空脱气工艺处理，灌装为凹凸棒绿茶液体牙膏的成品

在表4-9中，从第2行开始的每一行都代表一个组件，其中包括操作的

序号、操作名称、具体描述。操作名称可以由使用者命名，该名称仅对理解操作有影响，对后续的建模没有太大影响。

4.2.2　功能建模

功能建模是流程的功能分析的第2步，用于识别和评估各操作中所执行的功能。

在流程的功能分析中，有3种类型的功能。

1. 生产型功能（Productive Function）是使产品的参数发生不可逆变化且所述变化呈现在最终产品中的有用功能，其功能模型如图4-12所示。如“模具塑形零件”“电烙铁熔化焊锡丝”等。

图4-12　生产型功能的功能模型

2. 供给型功能（Providing Function）是用于辅助其他有用功能顺利执行的有用功能，其功能模型如图4-13所示。

图4-13　供给型功能的功能模型

供给型功能又分为3种类型：

- 支持功能（Supporting Function）是临时改变产品参数的供给型功能。例如，在浮法制造玻璃工艺中，“利用液态锡支撑熔融玻璃”。
- 运输功能（Transporting Function）是用于运输物质对象，改变对象的坐标的供给型功能。例如，在浮法制造玻璃工艺中，“利用液态锡移动玻璃”。

- 测量功能（Measurement Function）是用于提供物质对象参数信息的供给型功能。例如，在使用扭力扳手给螺栓打力矩时，扭力扳手发出提示音以告知使用者扭力足够。“提示音”就是一个测量功能[1]。

3. 矫正型功能（Corrective Function）是用于消除（或修正）缺陷的有用功能。其中，缺陷（Defect）指的是一种物质或场，它损害了有用功能的性能，或者它执行了有害功能。矫正型功能的功能模型如图4-14所示。常见的示例有“去除模具的毛刺”“用吸锡器移除焊锡液滴”，其中，前者去除了缺陷——毛刺，后者去除了缺陷——焊锡液滴。

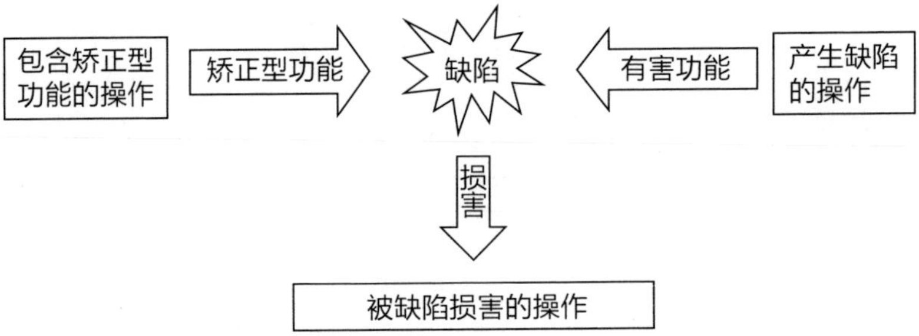

图4-14 矫正型功能的功能模型

上述各种功能的关系如图4-15所示。

1 如果方法或工艺的主要目的就是运输或测量，则其中的“移动”和“告知”功能是生产型功能，不是供给型功能。

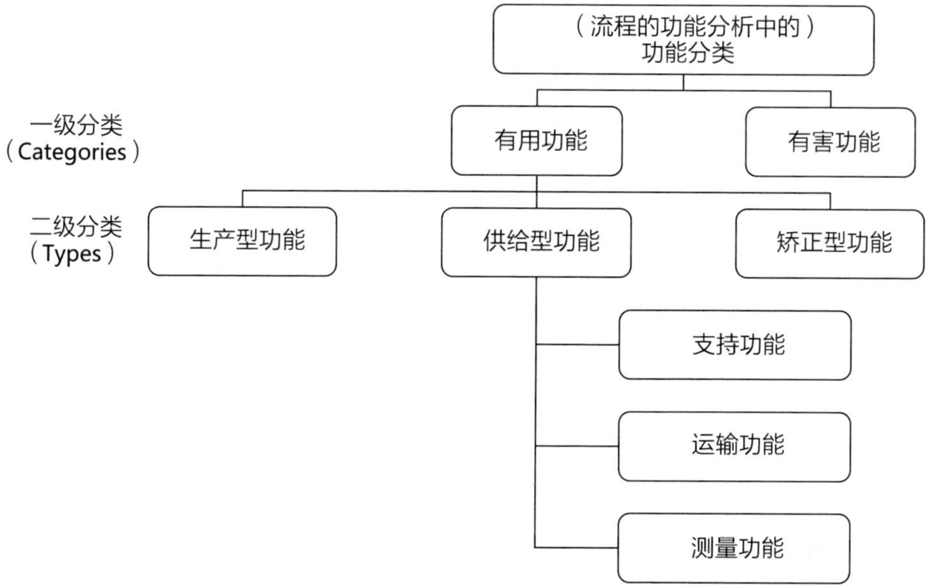

图4-15　各种功能的关系

在对流程（或方法）建模时，使用的模板如表4-10所示。

表 4-10　流程的功能分析中的功能模型模板

操作	功能	一级分类	二级分类	参数	性能水平

应用案例

下面给出凹凸棒绿茶液体牙膏的功能模型（见表4-11至表4-14）。

- 操作1——杀青新鲜茶叶。将采摘后的新鲜茶叶进行蒸汽杀青，蒸汽温度控制在100℃~110℃，杀青时间控制在6~60秒（本段采用文字描述的方式来表示组件，实际内容与表4-9并无二致）。

杀青，是绿茶、黄茶、黑茶、乌龙茶、普洱茶、部分红茶等的初制工序之一。主要目的是通过高温破坏和钝化鲜叶中的氧化酶活性，抑制鲜叶中的茶多酚等的酶促氧化，蒸发鲜叶部分水分，使茶叶变软，便于揉捻塑形，同时散发青臭味，促进良好香气的形成（当组件分析无法完全说明操作过程时，可以查询并补充读者认为缺失的部分）。

操作1的功能模型如表4-11所示。

表 4-11　操作 1——杀青新鲜茶叶的功能模型

操作	功能	一级分类	二级分类	参数	性能水平
杀青新鲜茶叶	蒸汽加热茶叶	有用功能	供给型功能	温度	正常
	蒸汽破坏氧化酶	有用功能	矫正型功能	活性	正常
	蒸汽钝化氧化酶	有用功能	矫正型功能	活性	正常
	蒸汽抑制茶多酚	有用功能	矫正型功能	活性	正常
	蒸汽蒸发水分	有用功能	矫正型功能	含水量	正常
	蒸汽软化茶叶	有用功能	矫正型功能	硬度	正常
	蒸汽散发（青臭）气味	有用功能	矫正型功能	浓度	正常
功能评分			8分		

- 操作2——搅拌混合物。将凹凸棒绿茶液体牙膏的配料加入搅拌机进行低速搅拌。在混合均匀后输入粉碎打浆机以形成凹凸棒绿茶液体牙膏的混合物。搅拌机的速度控制在2500~3000转/分钟。

操作2的功能模型如表4-12所示。

表 4-12　操作 2——搅拌混合物的功能模型

操作	功能	一级分类	二级分类	参数	性能水平
搅拌混合物	移动配料	有用功能	供给型功能	位置	正常
	搅拌配料与茶叶（后称混合物）	有用功能	供给型功能	位置	正常
	移动混合物	有用功能	供给型功能	位置	正常
	粉碎混合物	有用功能	生产型功能	体积	正常

- 操作3——研磨混合物。将操作2获得的混合物输入多功能胶体磨进行研磨，以制成凹凸棒绿茶液体牙膏的半成品，颗粒细度小于0.015mm。多功能胶体磨的速度控制在2900转/分钟。

操作3的功能模型如表4-13所示。

表 4-13　操作 3——研磨混合物的功能模型

操作	功能	一级分类	二级分类	参数	性能水平
研磨混合物	移动混合物	有用功能	供给型功能	位置	正常
	研磨混合物	有用功能	生产型功能	体积	正常

- 操作4——制造液体牙膏。将操作3获得的凹凸棒绿茶液体牙膏的半成品进行真空脱气工艺处理，灌装为凹凸棒绿茶液体牙膏的成品。

其中，真空脱气是指将含有气体的混合物在真空的作用下释放气体的过程。

操作4的功能模型如表4-14所示。

表 4-14　操作 4——制造液体牙膏的功能模型

操作	功能	一级分类	二级分类	参数	性能水平
制造液体牙膏	移动混合物（半成品）	有用功能	供给型功能	位置	正常
	释放气体	有用功能	矫正型功能	位置	正常
	移动混合物（成品）	有用功能	供给型功能	位置	正常
	灌装成品	有用功能	生产型功能	位置	正常

表4-11至表4-14所示的功能模型虽能清楚地说明各个操作中的功能，但不能很好地描述各个操作（或步骤）之间的关系。实际项目中的操作往往是环环相扣的，所以我对其做了一些改进，将其描述为图4-16所示的样式，这对解决实际问题更有帮助。

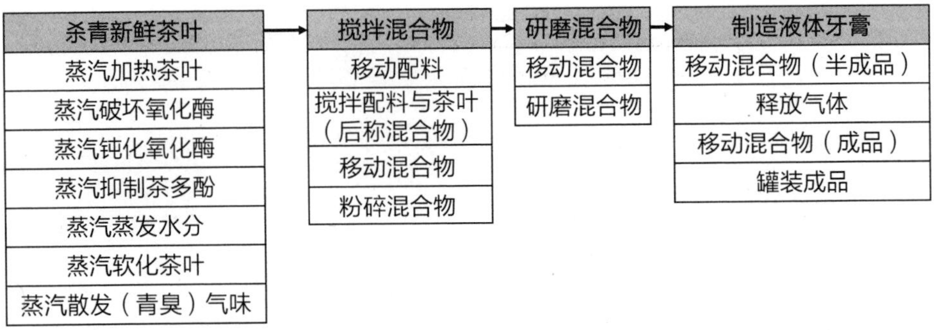

图4-16　加工凹凸棒绿茶液体牙膏的总体功能模型

在为流程建立功能模型时，需要注意如下事项。

1. 在描述功能时，尽量写明功能载体，这会使分析结果更加清晰，也方便后续寻找新的功能载体（如果不知道功能载体是什么或功能载体是人，可以不写功能载体）。

2. 上述案例源于专利CN100584311的权利要求，所以其中的功能都是有用且正常的。在实际生产过程中，一般会存在不足、过度或有害功能。

3. 在实际建模时，为体现各类功能的区别和重要性，读者可以用不同的颜色来表示不同的功能（生产型功能、供给型功能、矫正型功能，其重要性依次递减）。

4. 如果读者需要计算各个操作的评分，可以仿照表4-11的形式为表4-12至表4-14增加一行，计算操作2至操作4的评分。评分标准为：生产型功能3分、供给型功能2分、矫正型功能1分。我只计算了操作1的评分，因为在解决实际问题时，评分往往对解题结果的影响不大。

5. 在表4-11至表4-14中，第3列“一级分类”和第4列“二级分类”可视情况删减，因为它们是用于后续裁剪工作的。但在裁剪时，某操作中往往存在各种类型的功能，如果通过该列的信息来裁剪功能，会增加很多不必要的工作量。

4.2.3 案例分析

下面我将使用流程的功能分析来分析一个软件算法，其道理与分析制造方法是相同的，但难度更大。如果读者能用流程的功能分析来分析软件算法，一定也能用它来分析制造方法。

在工作中，经常有工程师问我：能否使用TRIZ方法来分析软件？

我的回答是：只要是能申请专利的，都可以使用TRIZ方法来分析。虽然软件是不能申请专利的，但软件中应用的算法是可以申请专利的，所以我可以用TRIZ来分析软件中的算法以得到新的成果，或者使用TRIZ分析现有技术中的算法，将其作为标杆为我所用，具体做法有两种：

- 做法1。将新申请中的“动词+对象”找出来，建立如图4-16所示的功能模型并以同样的方法建立对比文件的功能模型。查看新申请相对于对比文件的差异，以优化新申请。
- 做法2。查阅对比文件的权利要求，将其中的“动词+对象”找出来并建立功能模型，然后改进该功能模型以形成新的交底书，从而规避对比文件中的技术。

在阅读下述案例之前，请读者先下载并阅读专利文件CN102521298A，这对理解本案例有很大帮助。

CN102521298A中提到，过去，在存储地理信息系统数据时，首先保存发展变化过程的起始时间点t_0的完整栅格数据，然后保存变化过程中的一系列时间点$t_1,t_2,t_3,\cdots,t_n$的栅格数据。例如，以2000年的中国植被类型分类栅格为基础栅格数据（该基础栅格数据文件的容量为16.3GB），增加2001年至2005年的变化发展过程的栅格数据，如果采用分别单独存储的方式，则需要增加大约81.5GB的存储空间（16.3GB×5）。该数据量极大，存储难度也很大，该专利提出一种时空栅格数据的存储管理方法，可使上述5年的数据仅为2.65GB。

下述为分析该专利的权利要求的过程，供读者参考。

1. 一种时空栅格数据的存储管理方法，其特征包括：采集栅格数据，以起始时间点t_0的空间属性信息的栅格数据作为基础栅格数据D_0并保存。

获取发展变化过程中一系列时间点t_i的栅格数据D_i，得到栅格数据D_i与上一时间点栅格数据D_{i-1}之间的变化量值d_i并保存，$i=1,2,\cdots,n$，如表4-15所示[1]。

表 4-15　权利要求 1 的功能模型

采集栅格数据
采集栅格数据D_0
保存栅格数据D_0
获取D_i
计算d_i
保存d_i

强烈建议读者阅读专利说明书，将上述功能的功能载体也添加至功能描述中（最好将附图标记也写上，如表4-16所示），为未来设计自己的系统做准备。

表 4-16　增加了功能载体的功能模型

采集栅格数据	
数据采集单元710	采集D_0
第一存储单元720	保存D_0
变化监测单元730	获取D_i
变化检测单元730	计算d_i
第二存储单元740	保存d_i

2. 如权利要求1所述的存储管理方法，其特征包括：进一步读出时间点

1　对算法做功能分析时，功能的形式仍然是“动词+功能对象”，但由于算法中的功能对象是数据，不是物质、场或物质和场的组合，这里需要“变通”一下。

t_i的栅格数据。

读取所保存的基础栅格数据D_0，再分别读出所保存的时间点$t_1,t_2,\cdots,t_i$的栅格数据变化量值$d_1,d_2,\cdots,d_i$。

将基础栅格数据D_0与$d_1,d_2,\cdots,d_i$相加得到时间点t_i的栅格数据，如表4-17所示[1]。

表 4-17　权利要求 2 的功能模型（部分）

读出栅格数据	
读出模块750a	读取D_0
读出模块750a	读出$d_1, d_2,\cdots,d_i$
合成模块750b	计算D_i

由于权利要求2引用了权利要求1，所以其完整的功能模型应如表4-18所示[2]。

表 4-18　权利要求 2 的功能模型

数据采集单元710	采集D_0
第一存储单元720	保存D_0
变化监测单元730	获取D_i
变化检测单元730	计算d_i
第二存储单元740	保存d_i
读出模块750a	读取D_0
读出模块750a	读出$d_1, d_2,\cdots,d_i$
合成模块750b	计算D_i

3. 如权利要求1所述的存储管理方法，其特征包括：所述基础栅格数据D_0采用分块方式保存，具体分为$K\times L$个数据块，$K=2^i$，$L=2^j$，i和j分别为≥2的整数。

4. 如权利要求3所述的存储管理方法，其特征包括：所述栅格数据D_i，

1　表4-17中的计算D_i指的是权利要求2的第3行，将D_0与$d_1,d_2,\cdots,d_i$相加得到t_i，为了简化功能的描述，可以适当调整功能的动词。

2　表4-18所示的功能模型是权利要求1和权利要求2的合并，所以可以没有具体的名称（如果读者有命名的意愿，可以按需为其命名）。

采用分块方式保存，具体分为$K \times L$个数据块，$K=2^i$，$L=2^j$，i和j分别为≥2的整数。

5. 如权利要求1所述的存储管理方法，其特征包括：所述基础栅格数据D_0以文件形式保存；所述栅格数据d_i以文件形式保存[1]。

6. 如权利要求1至权利要求5中任一项所述的存储管理方法，其特征包括：所述基础栅格数据D_0在保存之前进行压缩，并保存压缩后的数据；所述栅格数据d_i在保存之前进行压缩，并保存压缩后的数据。其功能模型如表4-19所示[2]。

表 4-19　权利要求 6 的功能模型

采集栅格数据	
压缩单元760	压缩D_0
第一存储单元720	保存D_0
压缩单元760	压缩d_i
变化检测单元730	保存d_i

数据采集单元710	采集D_0
压缩单元720	压缩D_0
第一存储单元720	保存D_0
变化监测单元730	获取D_i
变化检测单元730	计算d_i
压缩单元720	压缩d_i
第二存储单元740	保存d_i
读出模块750a	读取D_0
读出模块750a	读出$d_1,d_2,\cdots,d_i$
合成模块750b	获取D_i

表4-19左侧是权利要求6所述的新特征，表4-19右侧是权利要求1+2+6的功能模型。我调整了一部分功能的顺序，也合并了一部分相同的功能。表4-19右侧也是专利CN102521298A的流程的功能模型。

7. 一种时空栅格数据的存储管理系统，其特征包括：数据采集单元710用于采集栅格数据，将获取的起始时间点t_0的空间属性信息的栅格数据作为基础栅格数据发送给第一存储单元；第一存储单元720用于保存所

1　由于权利要求3/4/5是对数据存储形式的描述，可以不用建模。

2　权利要求6引用了“权利要求1至权利要求5中任一项”，所以它应该是“1+6”或“1+2+6”或“1+3+6”或“1+3+4+6”或“1+5+6”等，表4-19所示的是“1+2+6”。

述基础栅格数据D_0；变化检测单元730用于检测发展变化过程中一系列时间点t_i的栅格数据D_i的变化量，得到栅格数据D_i与栅格数据D_{i-1}之间的变化量值d_i并提供给第二存储单元；第二存储单元740用于保存所述变化量值d_i（$i=1,2,\cdots,n$）[1]。

以上是我使用流程的功能分析方法来解析专利CN102521298A的过程，对于其他类型的方法专利也都可以采用上述分析方法。以我的实践经验，由于制造方法专利中涉及的功能载体、功能对象相对较少，分析起来更容易一些，读者可以找几个练练手（在分析制造方法专利时，应该着重分析完成该方法的产品）。如果读者找不到合适的专利，可以先用上述分析方法分析专利CN101339570B或相关论文[2]，看看这些文献是如何破坏CN102521298A的创造性的。

图4-16和表4-19所示的都是流程的功能分析的功能模型，具体使用哪一种取决于读者的喜好，我一般会根据实际情况选用其中一种。

本章小结

功能分析是我最喜欢的TRIZ工具之一，我经常使用它来分析现有系统（或方法）及其相关专利，它几乎每次都能帮我找到创新点，即使偶尔无法建立让我满意的功能模型，也能让我对系统的理解更加深刻，为后续的课题辅导和问题解决提供巨大的帮助。功能分析的输出是功能模型和功能缺陷列表。功能模型可以用在降本项目中。功能缺陷可以作为因果链分析的输入以便更细致地分析问题，也可以作为科学效应库、功能导向搜索、标准解应用的输入，用来获得解决方案模型，从而得出问题的概念方案。

1 权利要求7是一个产品权利要求，用于阐述各个组件的功能，它是前6个权利要求的功能载体的来源（功能载体也可以从说明书中读出）。

2 吴正升,崔铁军,郭金华,等.基于2维行程实现栅格基态修正模型的关键算法[J].测绘科学技术学报,2010,27(4):4.

第5章 流分析

原则上，一个技术体系有生命力的必要条件是，能量在该体系的所有部分间都能传导（为了体系的某部分可控，必须使能量能够在该部分和控制部分之间传导）。要测量和发现的课题通常与信息的传导有关，但信息的传导也可以归结为能量的传导，只是传导的能量很弱罢了[4]。

从上述文字中不难看出，阿奇舒勒在很早的时候就已经关注到了物质、能量和信息在系统中的流动，只是那时的研究更多地聚焦于物质、能量和信息的传导。后来的TRIZ专家对该领域做了更细致的研究并进行了细分，形成了“现代TRIZ”中的一个重要概念——流。

GEN 3 Partners公司的TRIZ大师Simon S. Litvin和Alex Lyubomirskiy共同提出了“流分析”，并使之成为“现代TRIZ”中的一个重要内容[5]。

- 流（Flow）指的是物质、能量（场）、信息在技术系统中的流动。
- 流分析（Flow Analysis）是用于识别技术系统中的物质流、能量流、信息流的缺陷的分析工具。

如果被研究的系统中有物质、能量或信息处于流动状态（例如，机油在某装置中流动），该系统的功能模型将很难被确定。此时，不妨使用流分析来分析处于流动状态的对象，问题会因此变得相对简单。有时，为了避免“仅做功能分析”而没有充分地进行技术系统分析，也可以在做完功能分析后对系统中流动的对象再做一次流分析。

5.1 流模型

流指的是物质、能量、信息在技术系统中的流动，一般使用如图5-1所示的“流模型”来描述该流动。

图5-1 流模型

在图5-1中，箭头所示为流的方向，其中的“节点1、节点2、节点*n*”指的是流在流动过程中经过的系统或组件。具体的例子如下：

1. 物质流。氟利昂在冰箱中的流动，如图5-2所示。

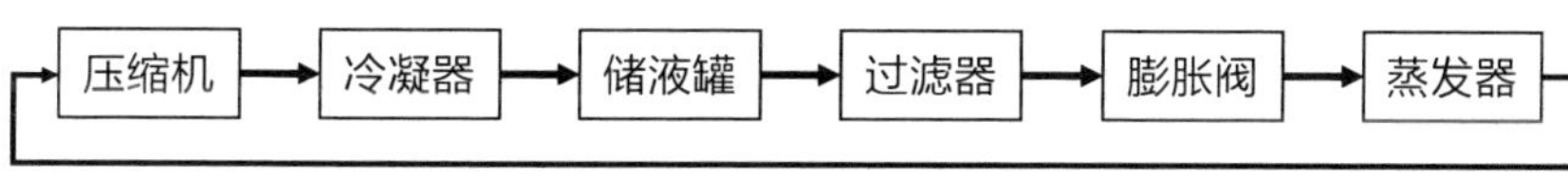

图5-2 物质流模型

2. 能量流。烧开水时热能（或内能）的流动，如图5-3所示。

图5-3 能量流模型

3. 信息流。固定电话中的信息流，如图5-4所示。

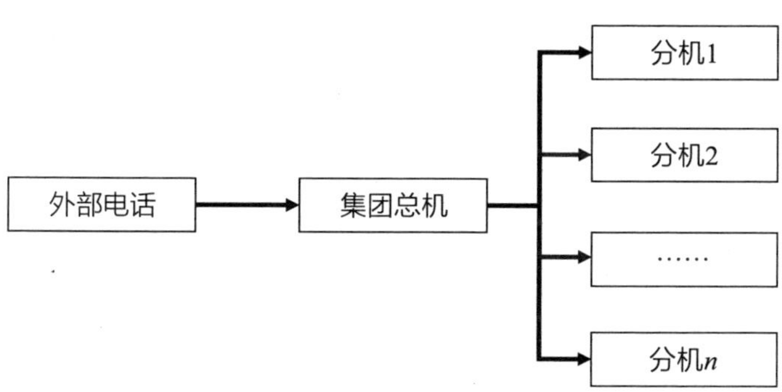

图5-4 信息流模型

流模型没有标准模型，读者可以根据实际情况和自己的需要增删其中的“节点”，例如，可在图5-2中加入氟利昂流过的某根“管道”。

5.2 流的类型

与功能类似，流也分为有用、有害等不同类型。

- 有用流（也被称为有益流）是执行了有用功能的物质（能量或信息）的流。

  如上文中的氟利昂，它在循环过程中执行了有用功能——移动热量，所以该物质流是有用流。

  有用流有两种类型，一种是正常流，即作用充分的有用流；另一种是不足流，即作用不足的有用流。

- 有害流是对功能对象执行了有害功能的流[1]。

  如上文中的氟利昂若泄漏，就会执行有害功能——破坏臭氧层，对臭氧层来说该物质流就是有害流。

  - 过度流是由于执行了过度作用，导致流对功能对象产生消极影响的有害流。在流分析中，可以将“过度”归入“有害”范畴。

- 浪费流是物质、能量或信息在流动的过程中有损失的流。浪费流本身应该是有用流，但没有起到应该起的作用。例如，水龙头没关紧造成了浪费，流走的水就是浪费流。

- 中性流是对技术系统有无关紧要或微小影响的，但又实际存在的流。

在2010年“地球一小时”活动前夕，比利时埃利亚电力公司发布了一

1　TRIZ中的“有害”指的是，会导致作用对象产生消极的、不想要的变化的现象。

份言辞恳切的倡议书，呼吁大家错峰开关灯，以免短时间内用电量波动过大导致电网崩溃，使比利时乃至整个欧洲陷入黑暗。但事实证明，在强大的AGC（自动发电控制）作用下，用户开关灯所产生的电流波动对整个电网几乎没有影响。在这个案例中，用户开关灯所产生的电流波动相对于整个电网中的电流就属于中性流。

综上所述，流的分类如图5-5所示。

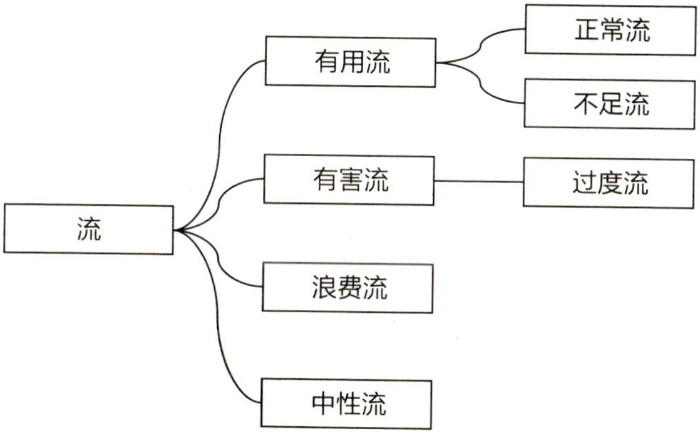

图5-5　流的分类

5.3 流分析详解

5.3.1 流缺陷及其分类

流分析是一种用于识别技术系统中的物质流、能量流或信息流的缺陷的分析工具。把流分成各种类型的目的是，从各种不同类型的流中识别其中的流缺陷。

流缺陷是在流分析过程中定义的缺陷。

根据流的类型与流动时产生的各种问题，可以将流缺陷细分为图5-6所示的层级。

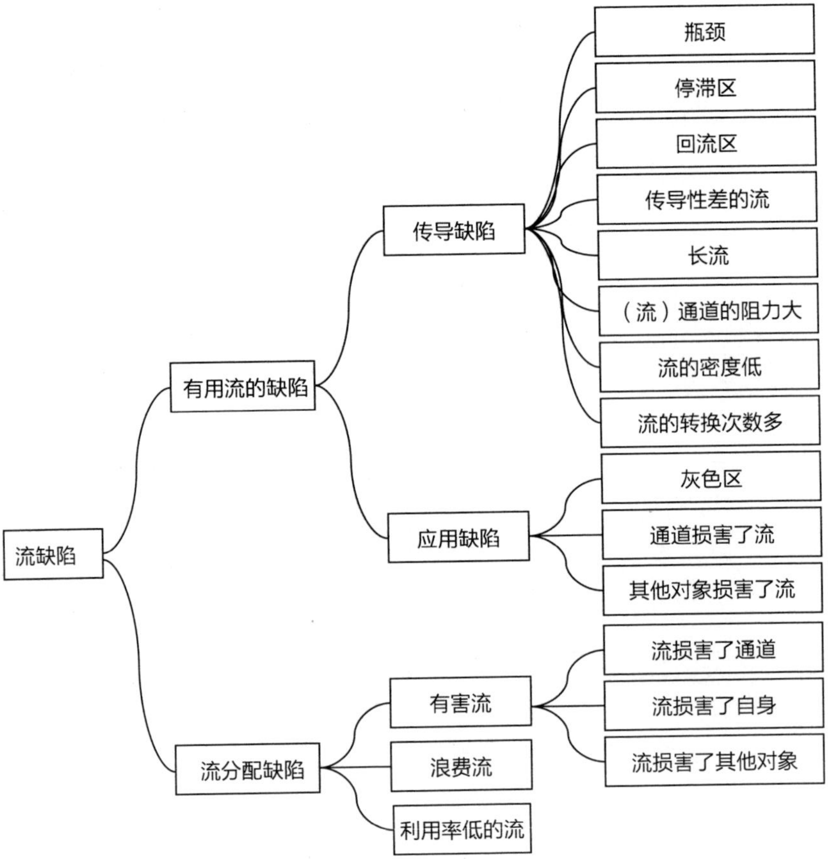

图5-6　流缺陷及其分类

- 有用流的缺陷是有用流在系统各组件中传导或在应用过程中产生的缺陷（详细分类见表5-1）。
    - 传导缺陷是有用流在系统各组件中传导时产生的缺陷。
    - 应用缺陷是在应用有用流的过程中产生的缺陷。

表 5-1 有用流的缺陷

有用流的缺陷			举例
类型	名称	定义	
传导缺陷	瓶颈	流通道中，流的阻力显著增加的区域	变窄的匝道口
	停滞区	流通道中，流暂时或永久停止的区域	路口的停止线附近的区域
	回流区	流通道中，流的整体速度比局部慢的区域	在飞机机翼与机舱连接的位置，气流速度快于其他位置，导致该区域的翼型需要特殊设计
	传导性差的流	流可以完成功能，但流动性较差	黏稠物体的流动性差
	长流	流太长，导致后级的流的性能不足	高层建筑的水压有时不够
	（流）通道的阻力大	供“流流过的通道”的阻力大	铝线电阻比铜线大
	流的密度低	流的密度低	上班高峰期，出城方向的地铁人流明显低于进城方向
	流的转换次数多	因为转换次数过多，流的效用降低	相对高铁列车，蒸汽机车的能量流的转换次数更多
应用缺陷	灰色区	流的参数很难预测的区域	结冰的路面
	通道损害了流	流的通道（因为某些原因）损害了流	未经修缮的路面损害了车轮
	流损害了通道	通道中的流损害了其通道	水泥磨损了灌浆机的水泥管

- 流分配缺陷是流在分配至系统不同部分的过程中产生的缺陷（详细分类见表5-2）。
  - 有害流是对功能对象执行了有害功能的流。
  - 浪费流是物质、能量或信息在流动的过程中有损失的流。
  - 利用率低的流是系统中利用率未达到其应有程度的流。

表 5-2 流分配缺陷

流分配缺陷			举例
类型	名称	定义	
有害流	流损害了通道	通道中的流损害了其通道	水泥磨损了灌浆机的水泥管
	流损害了自身	在通道中的“流的组件”相互损害	随意堆放的工件互相刮擦
	流损害了其他对象	在通道中的“流的组件”损害了其他对象	车撞到了行人
浪费流		物质、能量或信息在流动的过程中有损失	电磁波在传播时，其能量随距离增加而越来越弱
利用率低的流		系统中利用率未达到其应有程度的流	暖气的热量利用率未达到设计值

5.3.2 流缺陷的改进措施

如果要改善某个有用流存在的传导缺陷或应用缺陷，可以应用表5-3所示的改进措施。

表 5-3 改善有用流的改进措施

序号	改进措施	举例	序号	改进措施	举例
1	减少流的转换次数	使用集装箱以减少清点、查验货物的次数	8	增加流密度	使用液压机将废品压扁，以提高运输效率
2	转换为更高效的流	使用转换器将电信号转换成光信号以提升传输效率	9	将一个流的有用作用应用于另一个流	热水器中的热水是由冷水的压力压出的
3	减少流通道的长度	通过重新设计，调整布局，以减少管道长度	10	将一个流的有用作用应用于另一个流的通道	使用“管道清管器”清理管道内部的附着物
4	消除“灰色区”	使用检测装置来探明灰色区的参数	11	用一个流承载另一个流	使用熔化的金属，通过浮法制造、运输玻璃
5	消除“瓶颈”	调整生产流程的节奏，以去除“空闲时间”，从而消除瓶颈	12	将多个流分配至同一通道	将多种信号调制在一起，通过一套链路传输
6	绕过	如高架桥、立交桥等，绕过了原有线路，解决交通拥堵问题	13	改变流，以增强传导	根据实时路况，调整红绿灯，以实现“智能”交通
7	扩大流通道中各个独立部分的导通性	挖深或拓宽河流的各个支流，以预防洪水	14	引导流通过超系统通道	使用电磁波传输信号（相对于线路，电磁场属于超系统）

如果要消除有害流，可以应用表5-4所示的改进措施。

表 5-4 消除有害流的改进措施

序号	改进措施	举例	序号	改进措施	举例
1	增加流的转换次数	在防火材料的夹层中加入相变材料	10	消除共振	改变产生共振的物体的固有频率
2	转换为流动性差的流	在电焊时使用深色滤光片过滤光线	11	重新分配流	将主河道的水引入支流
3	增加流通道的长度	通过增加流通道的长度，使目标物体远离有害物质	12	组合流和“与其作用相反的流”	如爆炸反应装甲，可以使用爆炸产生的力将入射弹头弹开
4	引入“瓶颈”	在公园的出入口引入闸机或单向旋转门	13	改变流（的属性	将酸性废气通入碱性废液
5	引入“停滞区”	河流或水库的闸口	14	改变被（流）损害的对象	修复被物料磨损的管道、生产线
6	降低通道某一部分的导通性	在马路上设置减速带	15	预置能够中和有害流的物质、能量或信息	在建筑中预设灭火喷头
7	利用“回流”	如消声器，利用回流来降噪	16	绕过	作业时，绕过存在风险的区域
8	引入“灰色区”	深埋有害物质	17	将流传输至超系统	使用避雷针将闪电导引至地下
9	降低流密度	通过空气净化器来降低室内空气的PM2.5	18	回收或再利用偶发流	如能量回收通风系统ERV，在排出室内污浊空气的同时，改变了换入空气的湿度

如果要消除浪费流和改善利用率低的流，可以应用表5-5所示的改进措施。

表 5-5　消除浪费流和改善利用率低的流的改进措施

序号	改进措施	举例
1	消除“停滞区”	通过调整流程来达到准时生产（JIT），以消除库存
2	利用脉冲周期的作用	利用脉冲气流来提高清雪机的效率
3	利用共振	利用与结石的固有频率相同的超声波击碎结石
4	调节流	通过交通调度，来缓解交通压力
5	重新分配流	通过在锅的底部设置纹路来分配热流
6	组合同类型的流	利用相干干涉来增强某个波的振幅
7	利用“回流”	如消声器，利用回流来降噪
8	组合不同的流，以获得协同效应	细菌在高温或高浓度杀菌剂的环境中不易被杀死，但在常温和特定浓度杀菌剂的环境中无法存活
9	预置必要的物质、能量或信息	在自热米饭中预设了必要的发热物质

5.3.3　流分析的算法

1. 选择待分析的流的类型（物质流、能量流或信息流）。

2. 创建第一个流模型。

A. 写明流经过的组件。

- 流经过的组件可以来自功能分析中的组件列表，也可以根据实际情况或图示重新定义。理论上，将组件拆分得越细越好，但这会增加流模型的复杂度。读者可以先做一个相对较“粗”的组件清单，然后在后续分析中不断对其完善。

B. 根据所选流的实际情况，将上述组件连接起来。

3. 根据上述流模型，记录尽可能多的流缺陷（见图5-6）。

4. 针对其他流执行步骤1至步骤3。

5. 撰写流缺陷列表，将其与功能缺陷列表一同作为因果链分析的输入。

5.4 案例分析

5.4.1 电焊电弧过亮

电弧妨碍电焊工观察焊接区——电弧亮度超过不太亮的零件，如金属滴等。如何在装置不复杂化和生产率不降低的情况下改善观察条件[6]?

如图5-7所示，由于金属滴反射的光过于微弱，电焊工无法清楚地观察焊接区，导致焊接质量不高。

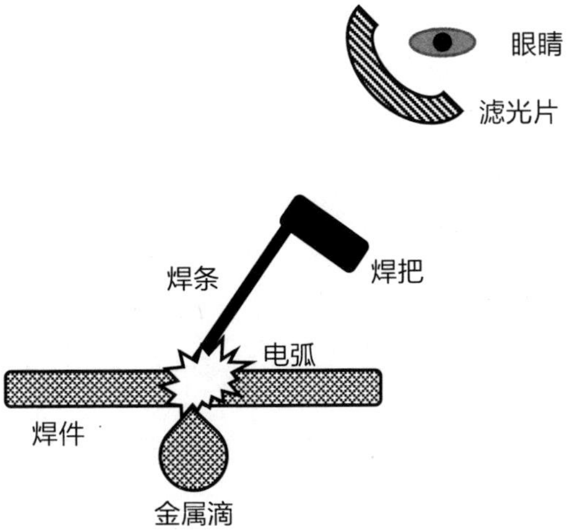

图5-7　电焊示意图

应用流分析的算法如下。

1. 选择待分析的流的类型（物质流、能量流或信息流）。

- 如光（流）。

2. 创建第一个流模型。

A. 写明流经过的组件，如焊条或焊件、光源（太阳/灯泡）、金属滴、滤光片、眼睛。

B. 根据所选流的实际情况，将上述组件连接起来，如图5-8所示。

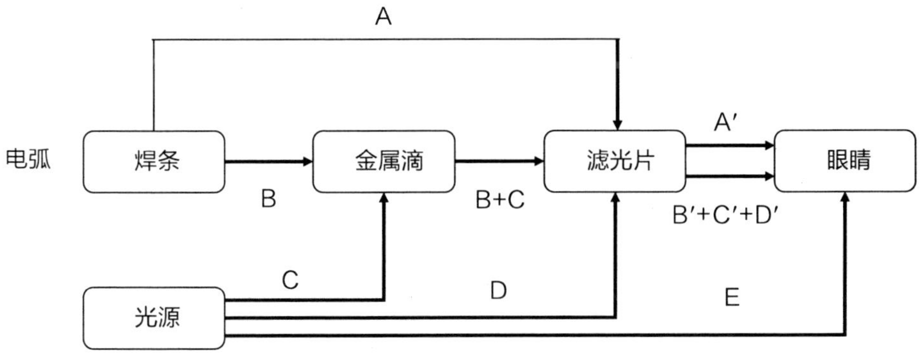

图5-8 电焊的流模型示意图

图5-8中各标号对应的含义见表5-6。

表 5-6 图 5-8 中各标号的含义

标号	具体含义	标号	具体含义
A	焊条发出并射向滤光片的光	A′	经滤光片过滤后的 A
B	焊条发出并射向金属滴的光	B′	经滤光片过滤后的 B
C	光源发出并射向金属滴的光	C′	经滤光片过滤后的 C
D	光源发出并射向滤光片的光	D′	经滤光片过滤后的 D
E	光源发出并射向眼睛的光		

3. 根据上述流模型，记录尽可能多的流缺陷，如表5-7所示[1]。

表 5-7 流缺陷及其具体描述

序号	流缺陷	
	类型	描述
1	瓶颈	滤光片过滤了部分光线（A′）
2	（流）通道的阻力大	滤光片过滤了部分光线（B′+C′+D′）
3	流的密度低	光源发出的光密度低（C、D）
4	通道损害了流	滤光片降低了光通量（B′+C′+D′）
5	流损害了其他对象	A′的亮度超过了B′+C′+D′的亮度

1 表5-7只列出了我认为存在的流缺陷。如果读者认为不合适，可以对其进行增删。

由于本例中未提到其他类型的流，第4步和第5步可不做。

上述问题比较简单，只需要根据实际情况采取合适的措施即可。如果问题比较复杂，则需要对得到的流缺陷进行因果链分析。

例如，针对缺陷“流的密度低”，可以增加流密度，换一个强一些的光源或者增加一个反射镜，将更多的光反射到金属滴上，即增强B+C，如图5-9所示。

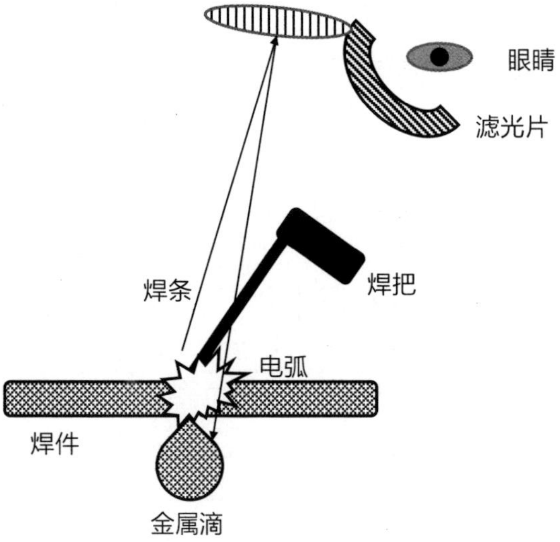

图5-9　电焊示意图（改进后）

通过上述方法就达到了“在装置不复杂化[1]和生产率不降低的情况下改善观察条件”的目的。

5.4.2　离心泵轴头断裂

某化工企业的生产线上有一个如图5-10所示的储液罐。液体原料经管道流入储液罐。在储液罐底部安装有离心泵，用于将液体原料泵入后级的

1　“不复杂化”不意味着不能增加组件而是不能使结构过于复杂。

装置（图中未画出）。

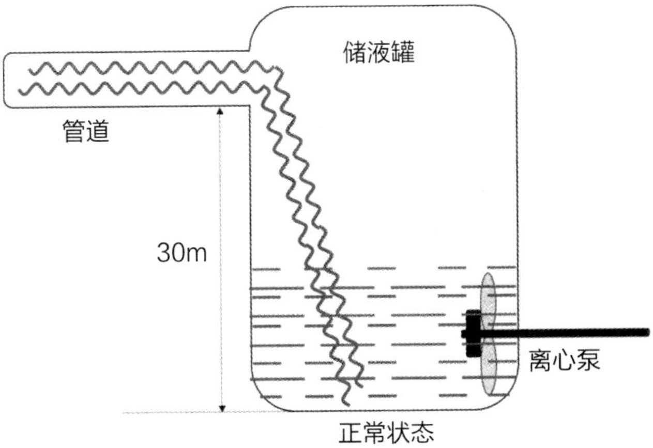

图5-10　储液罐（离心泵正常工作时的状态）

在工作过程中，经常发生“轴头断裂”的事故（见图5-11）。

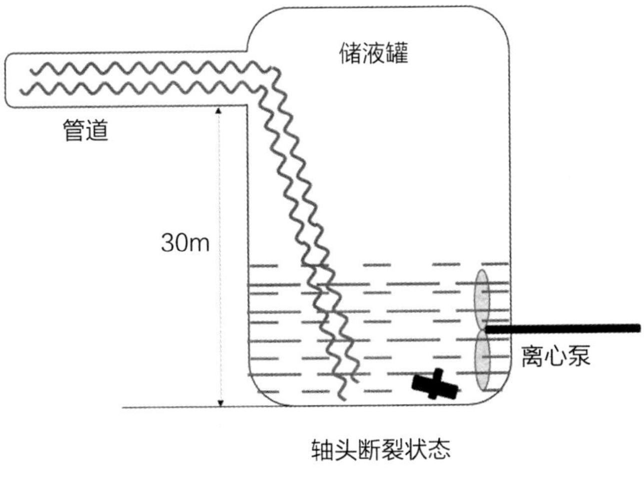

图5-11　储液罐（离心泵轴头断裂时的状态）

维修部的工程师不知道轴头断裂的原因，每当轴头断裂后他就会为离心泵换一个新的轴。但在半年换了7次轴后，管理层注意到了该情况并要求立刻解决问题。工程师根据现状做了功能分析，但没有找到功能缺陷。由于该系统中有流动的物质和能量，所以我建议该工程师做一次流分析。

根据工况，建立流模型。

1. 选择待分析的流的类型（物质流、能量流或信息流）。

- 如液体（流）。

2. 创建第一个流模型。

A. 写明流经过的组件，如管道、储液罐、离心泵、后级装置等。

B. 根据所选流的实际情况，将上述组件连接起来，如图5-12所示。

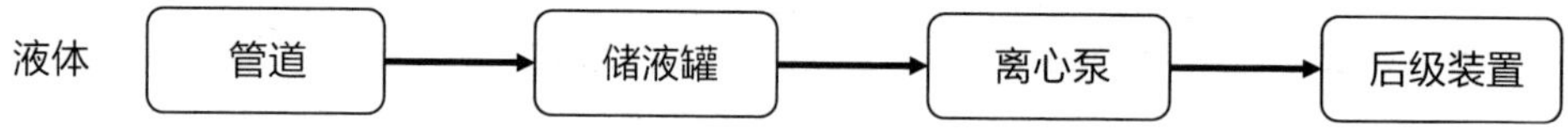

图5-12　液体流动的流模型

3. 根据上述流模型，记录尽可能多的流缺陷。如“流损害了其他对象”（液体损害了离心泵轴头）。

4. 针对其他流执行步骤1至步骤3。

4A 选择待分析的流的类型（物质流、能量流或信息流）。

- 如动能（液体流动时的动能）。

4B 创建新的流模型。

A. 写明流经过的组件，如管道、空气、液体、储液罐底部、叶片、轴。

B. 根据所选流的实际情况，将上述组件连接起来，如图5-13和图5-14所示。

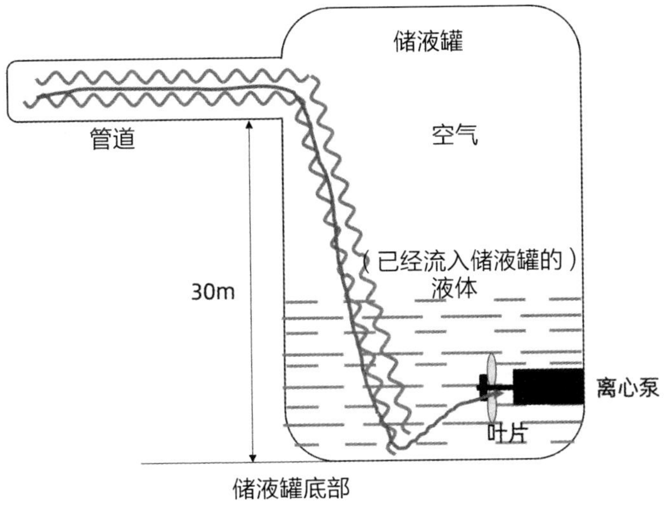

图5-13 动能的传导过程

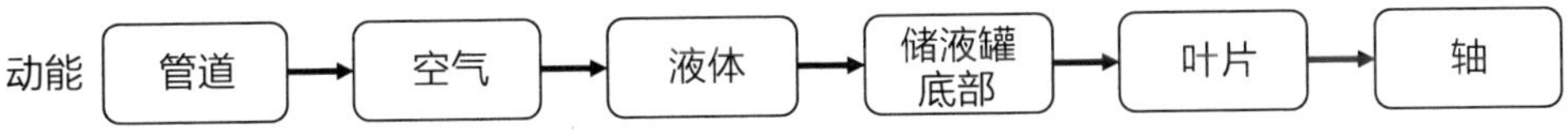

图5-14 动能传导过程的流模型

5. 撰写流缺陷列表，将其与功能缺陷列表一同作为因果链分析的输入，如表5-8所示。

表 5-8 动能传导过程中的流缺陷

流缺陷	具体情况
流损害了其他物体	液体损害了离心泵轴头
	液体的动能损害了离心泵轴头

由于所述的流是有害流，所以可用表5-4 中消除有害流的措施解决问题。

解决方案

将该流转换为流动性差的流，如降低流速或利用回流。在本例中，可以改变储液罐底部的形状以形成回流（见图5-15）。

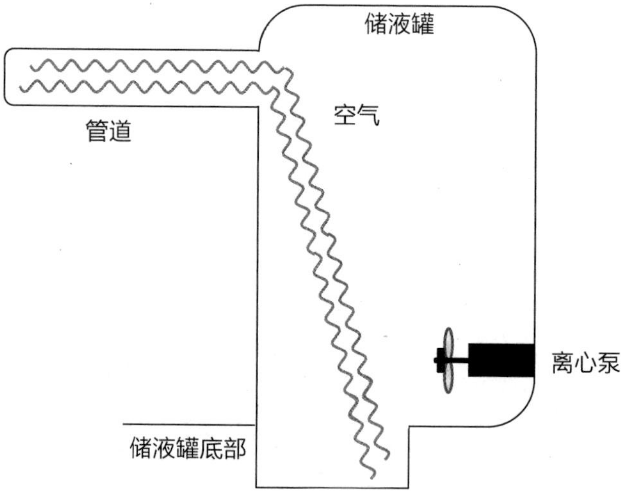

图5-15　改变储液罐底部的形状以形成回流

也可以降低流密度，如降低流量，或者改变流的属性，如改变其方向（见图5-16）。

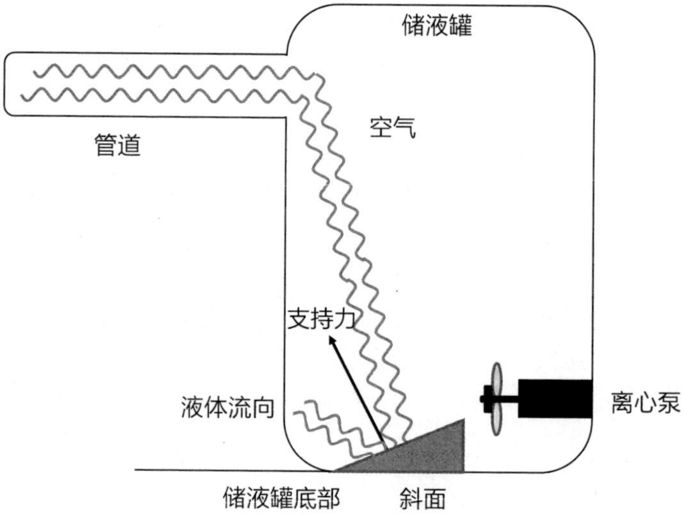

图5-16　增加斜面以改变流的方向

本章小结

流分析是一个用于分析系统中物质流、能量流和信息流的工具。当系统中存在“流动的对象”时，建立功能模型往往非常困难，此时，对问题进行流分析通常可以降低分析的难度。流分析的输出是流模型和流缺陷列表。你可以根据流缺陷的类型使用相应的改进措施来处理流缺陷，也可以使用因果链分析对其进一步分析，以找到产生流缺陷的关键缺陷，从而为解决问题铺平道路。

第6章 因果链分析

一个人如果知道他在想什么却说不出来，通常是他其实并不知道自己在想什么。

——二志成、郑会一《书都不会读，你还想成功？》

初学TRIZ时，我对因果链分析所处的位置（见图6-1）很好奇：为什么它处于分析工具的中间？在遇到问题时，难道不应该先分析问题产生的原因吗？

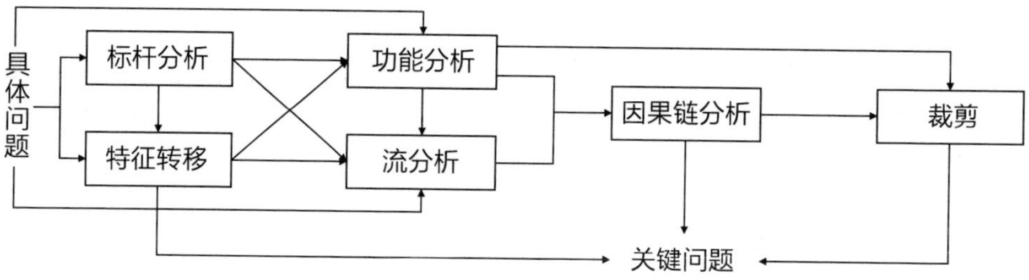

图6-1 分析问题的流程

后来我发现，TRIZ中的因果链分析与以前接触过的5Why、根因分析、鱼骨图等因果分析方法是不同的。

5Why等方法的分析对象是“现象”，即问题发生时人们看到的表象。我需要使用5Why等方法深挖导致该现象产生的原因。找到原因后，如果问题能够直接被解决就解决它；如果问题没有被解决，则将其作为具体问题并根据实际情况使用标杆分析、特征转移、功能分析或流分析对其进行分析。如果在这个过程中问题被解决了，就跳出分析过程；如果问题依旧没能被解决，则待找到功能缺陷和/或流缺陷后，再使用因果链分析来分析该功能缺陷和/或流缺陷，以寻找解决问题的关键缺陷。

在使用过程中，TRIZ中的因果链与常用的因果分析方法的区别在于，它是“从中间向两头”而不是自顶向下做的。其制作流程如图6-2所示。

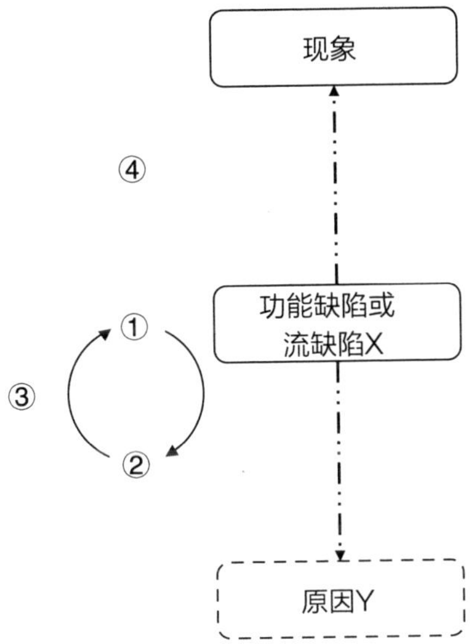

注：图中虚线表示层数很多，不一一列出。

图6-2　因果链模型的制作流程

其中，

①选择一个功能缺陷或流缺陷X；

②分析导致功能缺陷或流缺陷的各层原因Y，直到无法继续为止；

③重复①和②，直到找到所有功能缺陷或流缺陷的各层原因；

④分析“每个功能缺陷或流缺陷发生后导致的结果”，将其连起来直到得到最初观察到的现象。

按照上述步骤做出的图形被称为因果链模型，它应该是对问题的进一步聚焦。因果链分析的结果有两个，一个是因果链模型（见图6-7），另一个是关键缺陷&关键问题列表（见表6-1）。

因果链分析没有“标准答案”，因为每个人的知识结构和对问题的理解是不同的，每个人单独做出的或同一个人在不同时间做出的因果链模型都可能是不同的，所以没有必要闭门造车，浪费大量时间做一个“绝对正确的因果链”。合理的方法是：邀请最了解问题的专家、工程师、工人等到问题现场（如果有可能，还可以邀请一些方法论专家），逐层确认产生上一层结果的原因，做出一个能够获得大家认可的因果链模型，后续再根据实际情况不断迭代，来将其补充完整。

6.1 因果链分析的定义

因果链分析（Cause and Effect Chains Analysis，CECA）是一种通过建立“将初始缺陷与其根本原因联系起来的因果链”来确定被分析技术系统的“关键缺陷”的分析工具。

其中，

- 缺陷（Disadvantage）是一种特殊的特征，它的出现降低了技术系统或流程的理想度等级或预期价值，其实它就是导致上一层结果的原因。
- 初始缺陷（Initial Disadvantage）也叫目标缺陷，是项目目标的反面，其实它就是你观察到的现象。
- 末端缺陷（End Disadvantage）指出现在因果链末端的缺陷。
- 中间缺陷（Intermediate Disadvantage）指因果链分析中既不是初始缺陷也不是末端缺陷的缺陷，即处于中间的缺陷。

- 关键缺陷（Key Disadvantage）指一旦被消除即可达到项目目标的缺陷，它是想要达到项目目标所必须消除的缺陷。

上述各种缺陷的关系如图6-3所示。

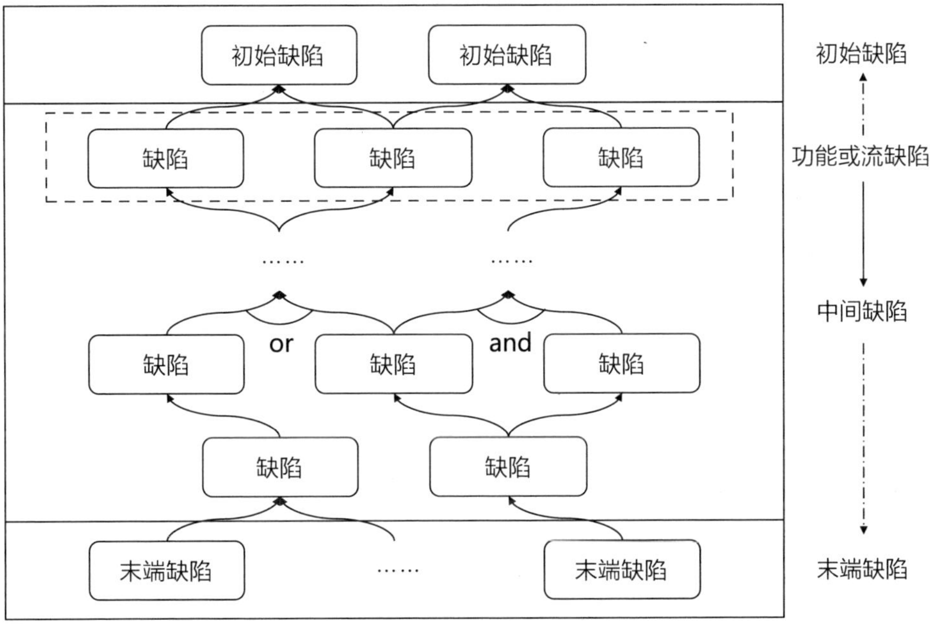

图6-3　各种缺陷之间的关系

从图6-3中可以看出，

- 第一层缺陷（初始缺陷）可以有不止一个，因为在实际项目中，想要达到却未达到的目标可能会有好多个。
- 第二层缺陷是功能缺陷或流缺陷。
    - 进行因果链分析的初衷是用它分析功能缺陷或流缺陷产生的原因，并根据功能缺陷和/或流缺陷之间的联系推导出初始缺陷，得到最终的因果链模型。
    - 在制作过程中，应该先写第二层的功能缺陷或流缺陷，再分别向下、向上分析。

  - 最终的因果链应覆盖全部的功能缺陷和/或流缺陷，这样才能聚焦问题，使当前因果链模型对后续的问题解决有帮助（之前所做的功能分析和/或流分析才有价值）。
  - 在过往的咨询中，我曾经见过在因果链模型中不包含功能缺陷或流缺陷的情况，这说明解题者很可能是从导致问题的现象为起点进行分析的（或者直接“搬运”以前做的根因分析结果）。我认为，TRIZ的解题工具之间的关系应该像漏斗一样，不断地互相约束，直至问题被聚焦到某一个或几个点上。在因果链分析阶段，如果不分析功能缺陷或流缺陷而分析现象，会将问题再次放大，使解题难度增加。

- 因果链分析有终点。当它达到物理、化学、生物或几何的极限，或者受到自然现象、法律、法规、行业标准的限制，或者不能继续分析出下一层原因，或者达到成本极限以及涉及人的问题时，就可以不用继续向下分析。
- 图6-3中未标出“关键缺陷”。在解题时，需要根据实际情况选择那些能够被解决且被解决后能够直接达到项目目标的缺陷。在确定关键缺陷后，将其转化成关键问题，即类似“How to……”的问题，直接解决它或将它作为解决问题工具的输入。
- 各种缺陷之间存在“and”和“or”的关系。
  - “and”表示下层缺陷之间存在“和”的关系，即下层缺陷必须同时发生，才会导致上层的结果。如图6-4所示，可燃物必须在达到着火点并且存在助燃剂的条件下才会着火，下层缺陷缺一不可。在解决此类问题时，只需要解决下层的任一缺陷（如可燃物、着火点或助燃剂）即可防止上层缺陷（如着火）的发生。

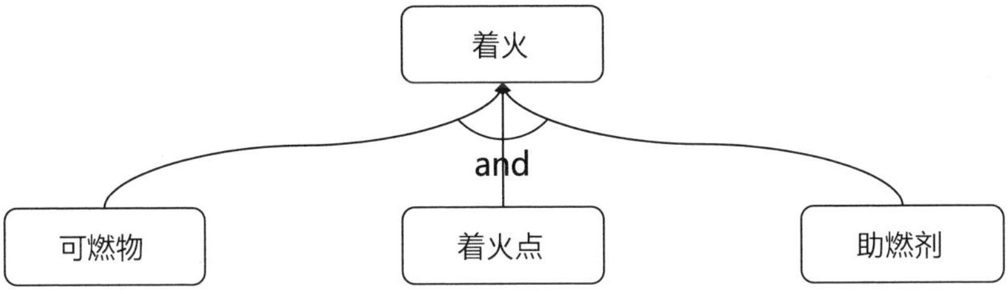

图6-4　缺陷之间存在“and”的关系

- “or”表示下层缺陷之间存在“或”的关系，即任一下层缺陷都会导致上层的结果。如图6-5所示，阳光加热、漏电流过高、电池有裂纹等任一原因都可能导致太阳能电池发热。在解决此类问题时，需要解决所有下层缺陷，才可以防止结果的发生。只解决某一个或几个缺陷，可以起到缓解的效果但不能真正解决问题。

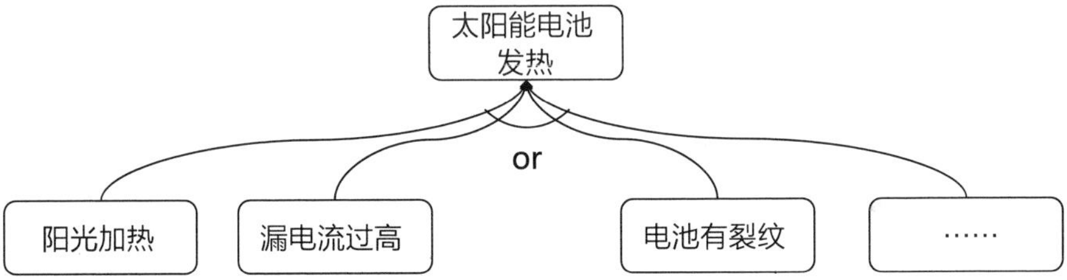

图6-5　缺陷之间存在“or”的关系

- 如果所做的因果链模型中有很多“or”，说明问题在分析过程中被发散。如果问题被聚焦，因果链模型中应该会出现很多“and”，解决起来也会相对容易。

6.2　案例分析

6.2.1　亮片

在第4章的亮片案例中，我曾经分析过“鱼损坏鱼线”导致“切线”的问题，如图6-6所示。

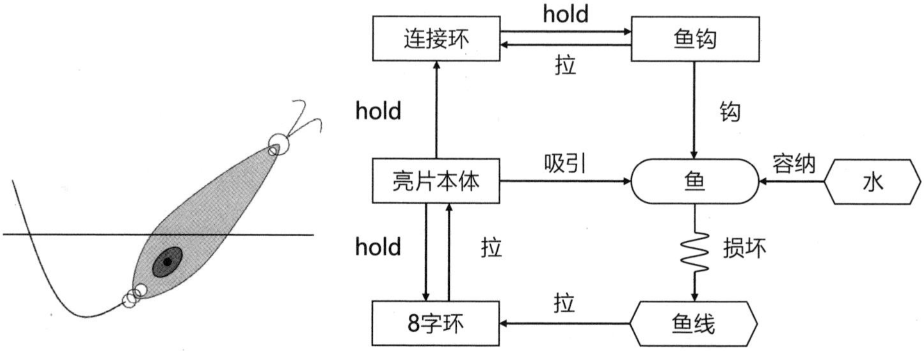

序号	功能缺陷
1	鱼损坏鱼线

图6-6　亮片入水时的功能模型及功能缺陷

本题可以将“鱼损坏鱼线”作为因果链分析的输入，分析鱼线损坏的原因及产生的现象，该因果链模型如图6-7所示。

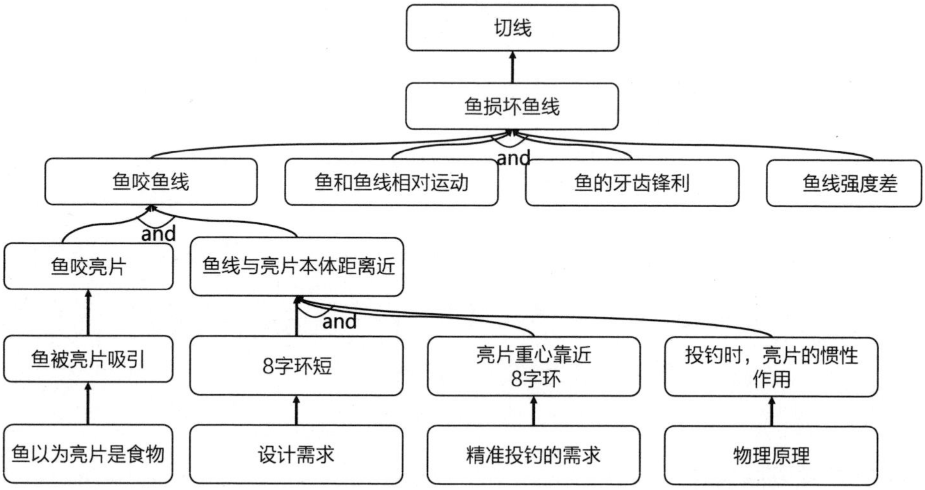

图6-7　因果链模型

- 因果链模型没有标准答案，图6-7展示了我对问题的理解，读者可以根据自己的理解做出新的因果链模型。

- 图6-7所示的因果链模型从“鱼损坏鱼线”开始，“切线”是它所导致的结果。切线是看到的现象，其原因可能不仅仅是“鱼损坏鱼线”，切忌从切线开始做因果链分析，因为这么做会将问题再次发散。
- 在因果链分析的过程中，需要寻找“导致缺陷产生的直接原因”，但“直接”很难定义，一般建议在距离问题发生的最近时间和最近区域中寻找原因。
- 在做因果链模型时应该有专业人士指导，不能凭空想象。
- 建议使用功能的格式（功能载体+动词+功能对象）描写各层的缺陷，这样可以更清晰地描述问题，也更容易描述关键问题。

由上述因果链模型，我得出了如表6-1所示的关键缺陷&关键问题列表。

表 6-1 关键缺陷 & 关键问题列表

序号	关键缺陷	关键问题
1	鱼咬鱼线	如何防止鱼咬鱼线?

- 表6-1所示的关键缺陷仅为示例。在实际项目中，需要与项目组成员反复确认“是否解决了该缺陷就能达到项目目标”。如果是，才可以确定其为关键缺陷。
- 关键缺陷可以只有一个也可以有很多，数量与项目有关，在表6-1中只写了一个，读者可以有不同意见。
- 关键问题是将关键缺陷转换成“如何（How to）”的问题。例如，“鱼咬鱼线”也可以写成“如何让鱼不咬鱼线？”由于鱼无法被控制，所以需要根据情况调整表现形式。

- 对于所述的关键问题，可用下述方式思考解决方案。
  - 如果……那么可以防止鱼咬鱼线，但是……
  - 如果加大鱼线与亮片本体间的距离，那么可以防止鱼咬鱼线，但是……（如何将鱼线与亮片本体连接？加一节钢丝？）
  - 如果8字环足够长，那么可以防止鱼咬鱼线，但是……（8字环的功能和上述钢丝相同。）
  - 如果亮片重心远离8字环，那么可以防止鱼咬鱼线，但是投钓不精准。

读者可以根据自己的理解，写出更多“如果……那么……但是……”的表述。

6.2.2　管道

在管道案例中，由于引入的金属网阻挡了液体，输送效率降低了，如图6-8所示。

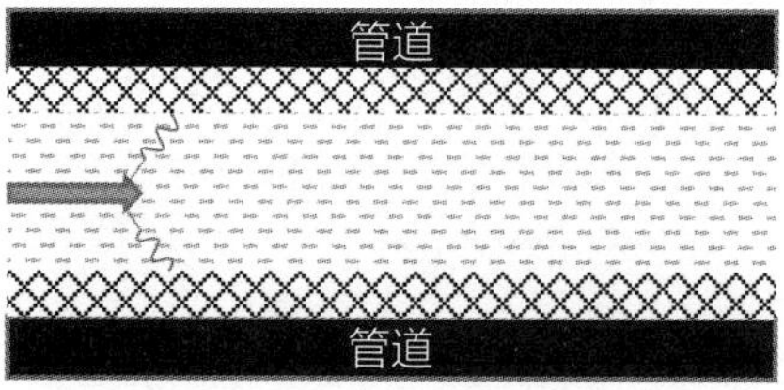

在管道中加装金属网吸收压力脉冲

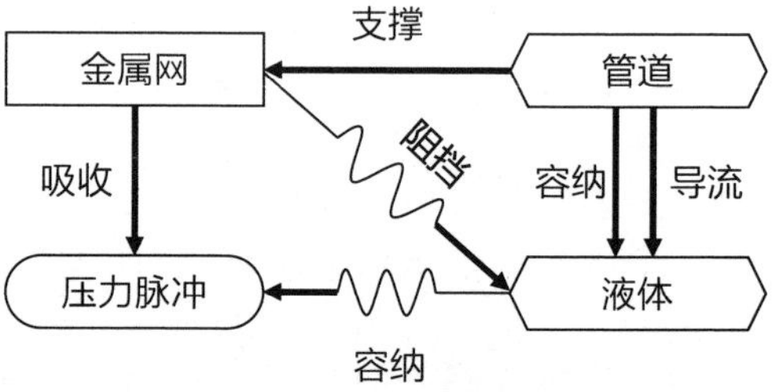

序号	功能缺陷
1	金属网阻挡液体
2	液体产生压力脉冲

图6-8　金属网的功能模型及功能缺陷

其因果链模型如图6-9所示。

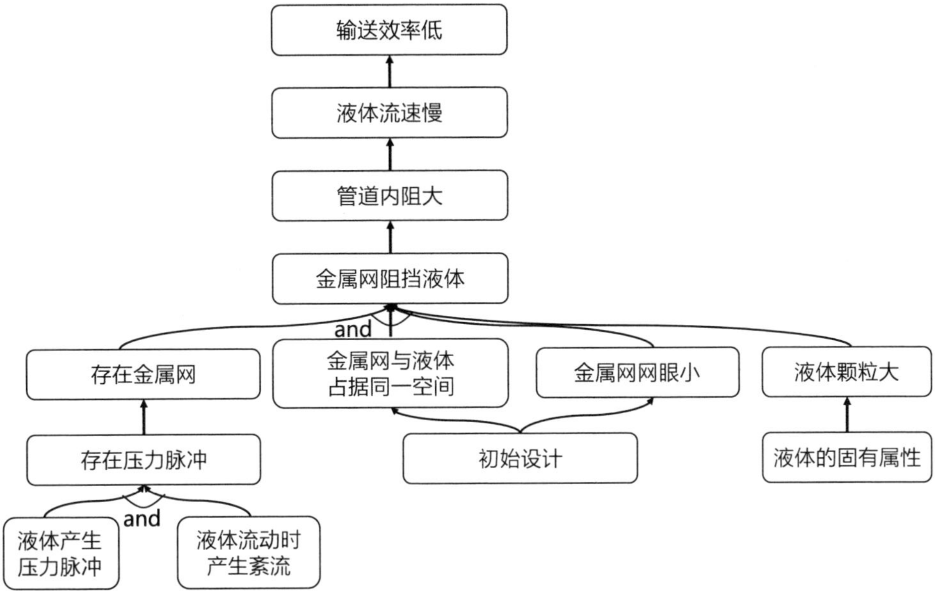

图6-9　因果链模型

关键缺陷&关键问题列表如表6-2所示。

表 6-2　关键缺陷 & 关键问题列表

序号	关键缺陷	关键问题
1	存在压力脉冲	如何使压力脉冲消失?

针对所述的关键问题，可用下述方式思考解决方案。

- 如果……那么可以去除压力脉冲，但是……

本章小结

因果链分析是用来分析“产生功能缺陷和/或流缺陷的原因”的工具，现实中，工程师常将它与根因分析、5Why等其他因果分析工具混淆，这十分不可取。牢记因果链分析在分析问题流程中的位置（见图6-10），不要用它分析产生问题的现象，否则问题将再一次扩大，不利于解决问题。

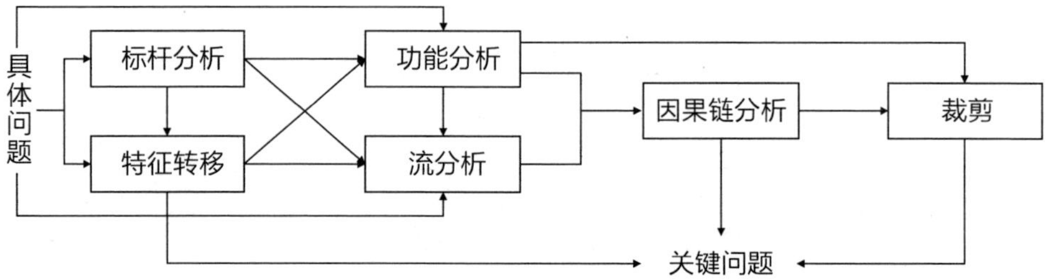

图6-10　分析问题的流程

第7章 裁剪

在使用前述的分析工具分析系统后，可能会遇到一种情况：技术系统（或选择的标杆）功能齐备，但一旦被实施就造成对现有技术的专利侵权，如表7-1所示[1]。

表 7-1　产品的可专利性及其侵权情况

现有技术	我的产品	可专利性	实施后是否侵权
A+B+C+D	C+B+D+A	否	侵权
	A+B+C+D+E	实用新型	侵权
	与现有技术功能相同的： A+B+C+、A+B+D+、 A+C+D+、B+C+D A+B、A+C、A+D、 B+C、B+D、C+D	发明	不侵权

很显然，想要避免侵犯现有技术的专利权，至少需要做到与现有技术相比“组件更少，功能相同”。要做到这一点需要使用工具——裁剪。

裁剪必须基于功能模型。由于功能模型有两种，所以裁剪也有两种：1）对产品的裁剪，2）对流程的裁剪。

裁剪的应用场景有两个：1）在降本项目中，先使用功能分析建立产品或流程的功能模型，然后根据实际情况和各组件的成本裁剪某组件；2）在问题解决项目中，使用CECA分析功能模型中的各种功能缺陷，找到

1　如果表中的A+B+C+D+E是与A+B+C+D最接近的现有技术，但其中的E是与现有技术相比的“区别技术特征”，并解决了新的技术问题而且对本领域的技术人员非显而易见，则该技术也具有可申请发明专利的可能，但这不属于本章讨论的范畴。

功能模型中存在关键缺陷的组件并对其裁剪。

裁剪是一个产生关键问题的工具，使用它可以产生形如“由谁和/或如何完成被裁剪组件的功能”的问题（Whom和/或 How to 问题）。

7.1 对产品的裁剪

对产品的裁剪是一种通过去除（或削减）某些组件并在技术系统或超系统的剩余组件中重新分配被去除组件的有用功能，同时保持技术系统的质量和性能来改进技术系统的方法和技术。裁剪的对象是系统组件，而不是超系统组件或目标。

- 理论上，将超系统组件裁剪掉并由系统组件执行其功能，该系统组件的价值会提高（系统的功能增加但成本保持不变）。如果新系统解决的技术问题、使用的技术手段或达到的技术效果有一个（或多个）发生了变化，新的系统也是可专利的，但这样做难度相当大，所以在使用裁剪工具时我不建议裁剪超系统组件。
- 目标不能被裁剪。如果裁剪了目标，整个系统就无法达到初始设计的目的。例如，水杯的功能是容纳水，如果将水裁剪掉，水杯也就没有了存在的意义。也许，水杯可以用来装土养花，但新的系统是花盆而不再是水杯，新功能和设计初衷已经完全不同了。

7.1.1 对产品的裁剪规则

为了便于实现对产品的裁剪，TRIZ专家们为裁剪设计了3个规则，简称“ABC”。

裁剪规则A。如果功能对象可以被移除，则功能载体可以被裁剪（见

图7-1）。

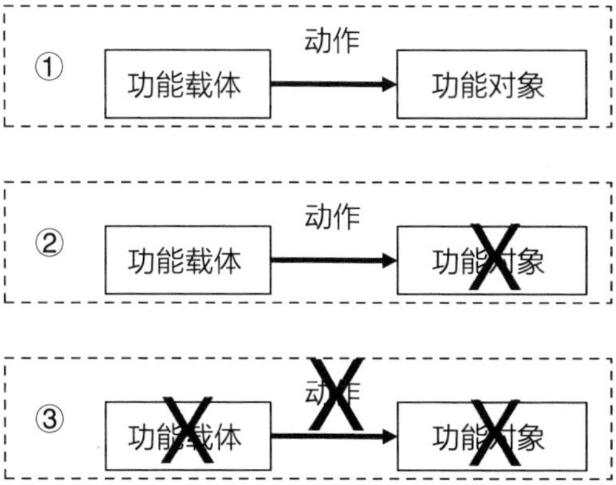

图7-1　裁剪规则A

裁剪规则B。如果功能对象自身可以执行某一功能，则功能载体可以被裁剪（见图7-2）。

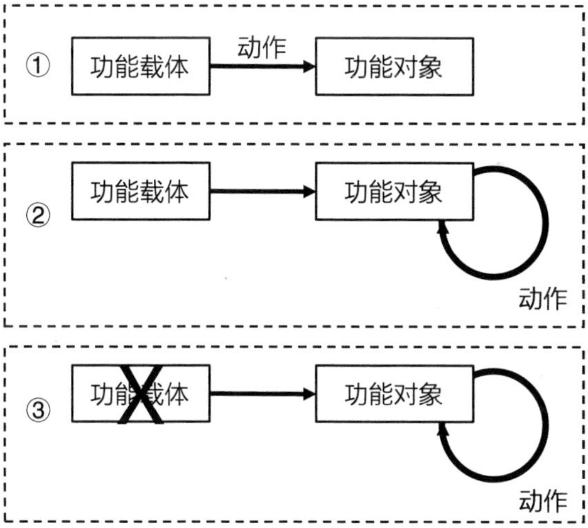

图7-2　裁剪规则B

裁剪规则C。如果另一个组件可以执行（与原功能载体）同样的有用功能，则原功能载体可以被裁剪（见图7-3）。

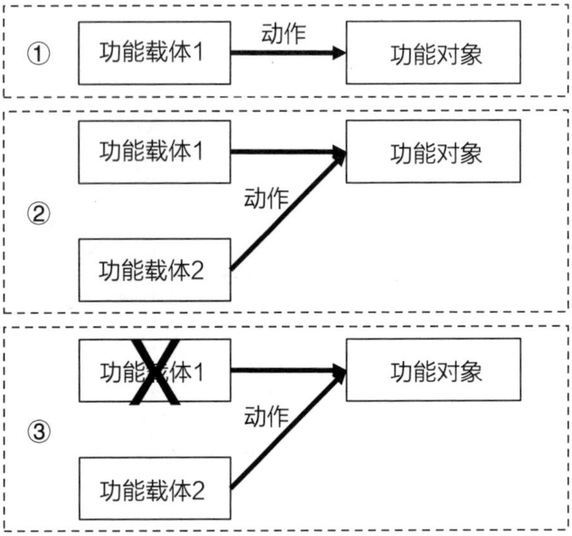

图7-3　裁剪规则C

其中，

- 裁剪规则A。如果功能对象可以被移除，则功能载体可以被裁剪。读者购买本书的目的是学习TRIZ知识，换句话说本书的功能是“告知读者（TRIZ知识）”。假如读者不需要知道（本书所述的）TRIZ知识，即没有读者，本书也就没有存在的意义（见图7-4）。

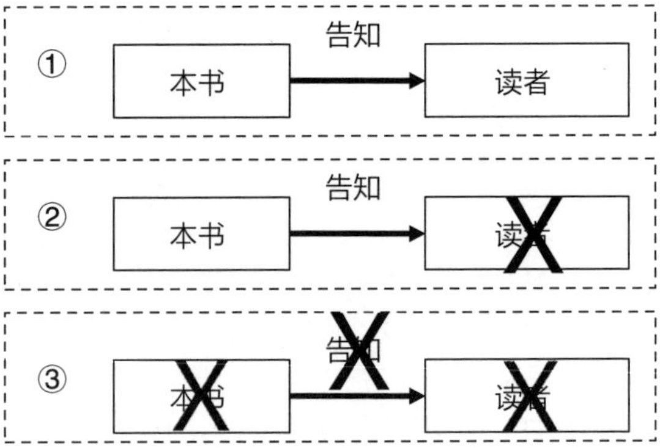

图　7-4　裁剪规则A（示例）

- 裁剪规则B，如果功能对象自身可以执行某一功能，则功能载体可以被裁剪。如果读者可以根据工作经验无师自通地了解TRIZ知识，也就不需要本书的告知功能（见图7-5）。

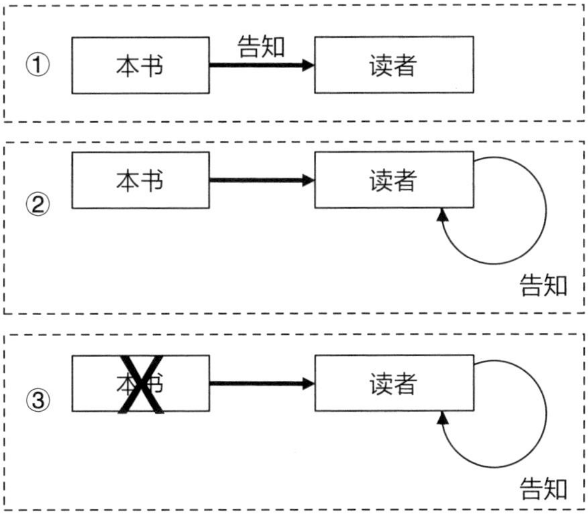

图7-5　裁剪规则B（示例）

- 裁剪规则C。如果另一个组件可以执行（与原功能载体）同样的有用功能，则原功能载体可以被裁剪。如果另一本书比本书更清楚明白地介绍了TRIZ知识，读者也就不需要本书的告知功能（见图7-6）。

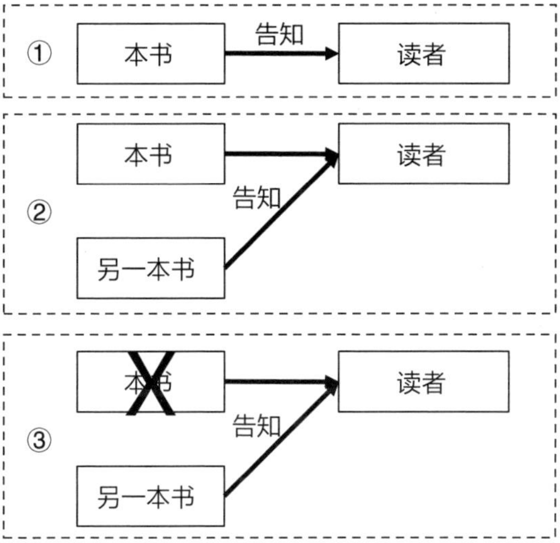

图7-6　裁剪规则C（示例）

在上述裁剪规则中，裁剪规则A的创新性最高，因为它裁剪掉了两个组件，但在一个成熟的系统中同时裁剪掉两个组件的难度很大。裁剪规则B次之，它鼓励读者思考“如何让功能对象自我完成功能”，这是用于打破惯性思维的手段之一。裁剪规则C创新性最低，它鼓励读者在系统内外寻找替代组件来完成功能，实施起来比裁剪规则A和裁剪规则B都容易。

由于裁剪规则C很容易操作，它在实际使用中的“出镜率”最高。为了进一步帮助读者应用裁剪规则C，读者可以根据情况使用如下建议来寻找“功能载体2”（难度由易到难）。

1. 寻找对功能对象执行了相同或相似功能的组件（见图7-7中的组件A和组件A'）。

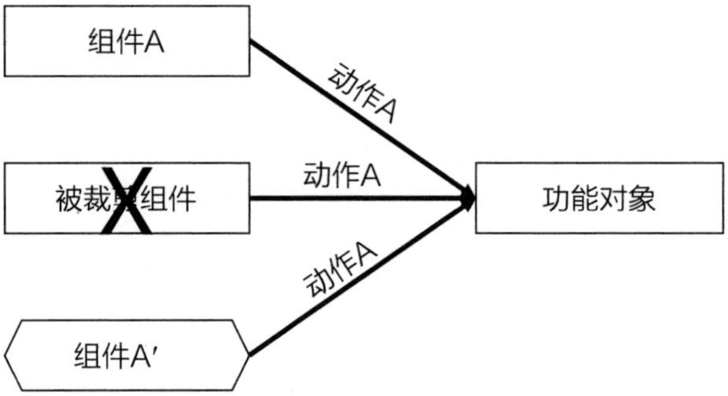

图7-7　裁剪规则C的使用建议1

假设我是公司的培训师，功能是告知工程师（TRIZ知识）。如果公司仅需要一名培训师且其他培训师（组件A）能完成所述告知功能或公司委托外部的培训师（组件A'）来执行所述告知功能，我就可以被裁剪掉了。

2. 寻找对其他功能对象执行了相同或相似功能的组件（见图7-8中的组件B 和组件 B'）。

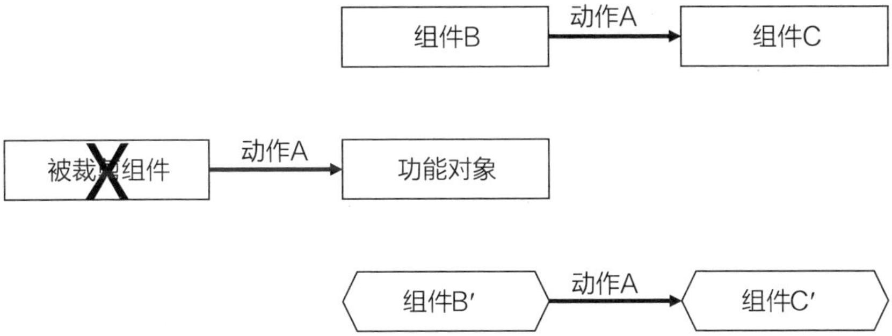

图7-8　裁剪规则C的使用建议2

假设我是研发中心的培训师，功能是告知研发中心工程师（TRIZ知识）。如果制造中心的培训师（组件B告知组件C）或公司外部的培训师（组件B'告知组件C'）可以执行所述告知功能，我就可以被裁剪掉了。

3. 对功能对象执行了其他功能或至少与之有相互作用的组件（见图7-9中的组件C和组件C'）。

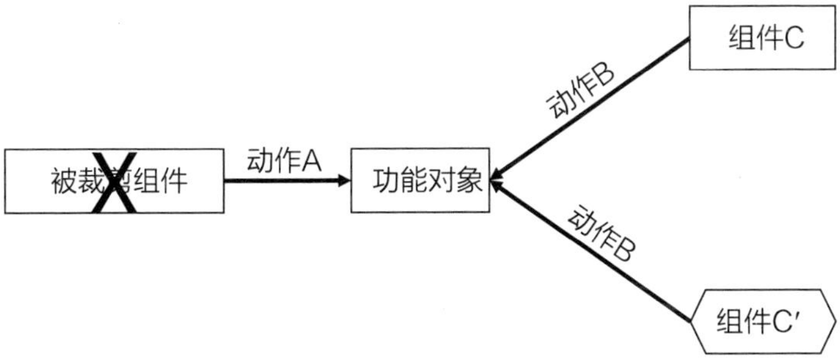

图7-9　裁剪规则C的使用建议3

假设我是公司的培训师，功能是告知工程师（TRIZ知识）。如果公司内有一位培训精益或其他技术的培训师（组件C，公司外部的是组件C'），他能够在学习TRIZ知识后执行所述告知功能，我就可以被裁剪掉了。

4. 寻找具有执行功能所需资源的组件。

假设我是公司的培训师，功能是告知工程师（TRIZ知识）。公司内没有其他培训师，也找不到外部培训师，由于一些原因公司不能继续任用我。在没有上述组件A/B/C/A'/B'/C'的情况下，可以找一个有演讲技能的工程师在学习TRIZ后来执行所述告知功能，我就可以被裁剪掉了。

7.1.2 案例分析

下面我将使用第4章中眼镜的功能模型（见图7-10）来演示3个裁剪规则的使用方法。

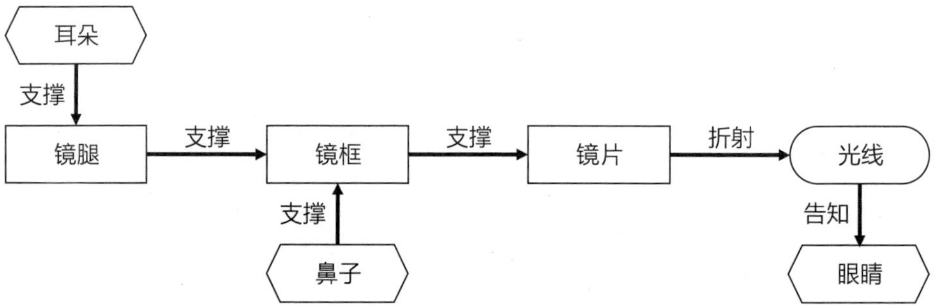

图7-10 眼镜的功能模型

在实际项目中，被裁剪组件可以是被裁剪后达到降本目标的组件，也可以是“存在关键缺陷”的组件。读者可以想象一下，完成裁剪后的产品是什么样子。

假设被裁剪组件为：

- 镜腿（见图7-11）。
    - 裁剪规则A。如果镜框可以被裁剪，则镜腿可以被裁剪。
    - 裁剪规则B。如果镜框可以自己支撑自己，则镜腿可以被裁剪。
    - 裁剪规则C。如果系统或超系统中有其他组件可以支撑镜框，则镜腿可以被裁剪。

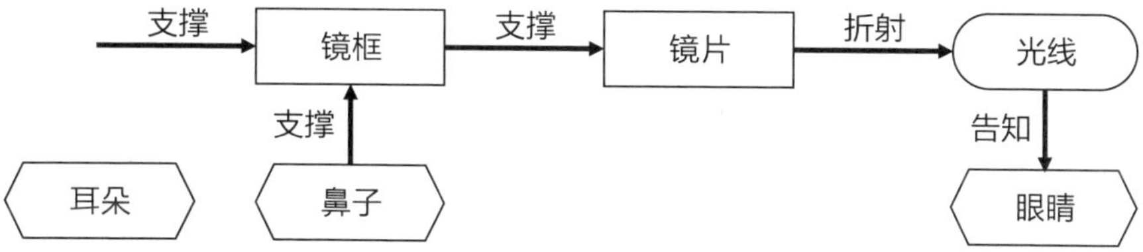

图7-11 裁剪模型——裁剪镜腿

- 镜框（见图7-12）。
  - 裁剪规则A。如果镜片可以被裁剪，则镜框可以被裁剪。
  - 裁剪规则B。如果镜片可以自己支撑自己，则镜框可以被裁剪。
  - 裁剪规则C。如果系统或超系统中有其他组件可以支撑镜片，则镜框可以被裁剪。

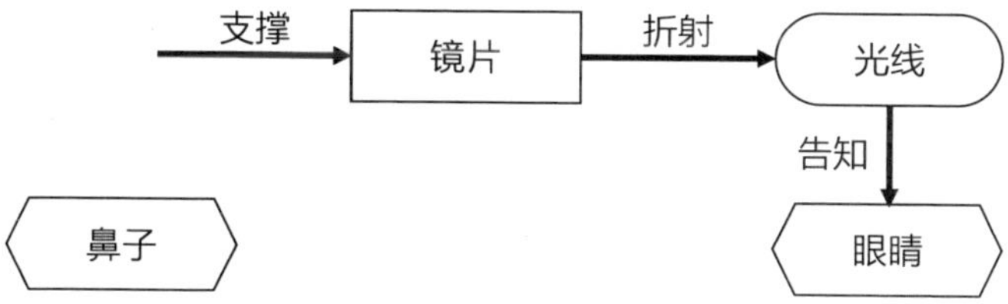

图7-12 裁剪模型——裁剪镜框

- 镜片（见图7-13）。
  - 裁剪规则A。因为镜片的功能对象是光线，它是技术系统的目标，所以不可以使用规则A。
  - 裁剪规则B。如果光线可以自己折射自己，则镜片可以被裁剪。
  - 裁剪规则C。如果系统或超系统中有其他组件可以折射光线，则镜片可以被裁剪。

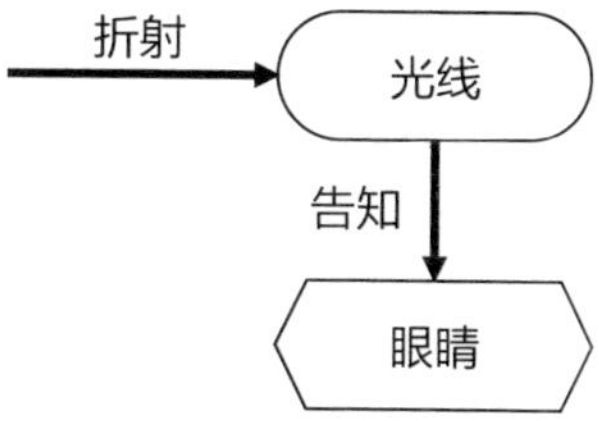

图7-13 裁剪模型——裁剪镜片

上述裁剪过程被称为完全裁剪，它指的是将组件完全从系统中去除，同时保留被裁剪组件的功能。

在管道的案例中，我使用功能分析得出了其功能模型及功能缺陷（见第4.1.4.2节），然后使用因果链分析得出了其因果链模型、关键缺陷&关键问题（见第6.2.2节），其功能模型、关键缺陷&关键问题如图7-14所示。

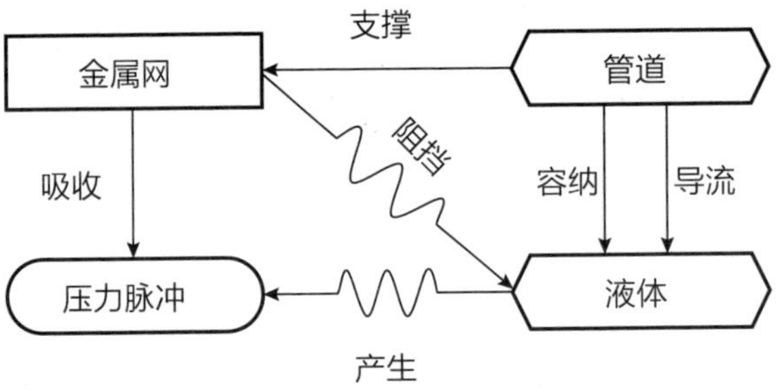

序号	关键缺陷	关键问题
1	存在金属网	如何去除金属网?

图7-14　管道的功能模型、功能缺陷 & 关键问题

如果使用完全裁剪将金属网裁剪掉，裁剪后的现状和裁剪模型将如图7-15所示。

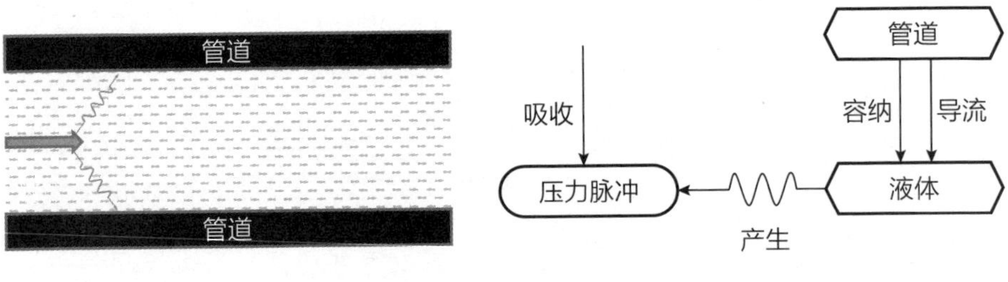

图7-15　完全裁剪金属网的裁剪模型

假定使用：

- 裁剪规则A。如果压力脉冲可以被裁剪，则金属网可以被裁剪。

- 裁剪规则B。如果压力脉冲可以自己吸收自己，则金属网可以被裁剪。
- 裁剪规则C。如果系统或超系统中有其他组件可以吸收压力脉冲，则金属网可以被裁剪。

很显然，上述裁剪规则都不可用。这就需要引入另一种被称为部分裁剪的裁剪类型。

部分裁剪是指，将组件的一部分从系统中去除并使用剩余部分来完成原组件应完成的功能。

如图7-16所示，在新的功能模型中，部分金属网可以吸收压力脉冲且不会阻挡液体。需要思考的裁剪问题是：如何用部分金属网吸收压力脉冲？只要解决了这个问题，就达成了项目目标。

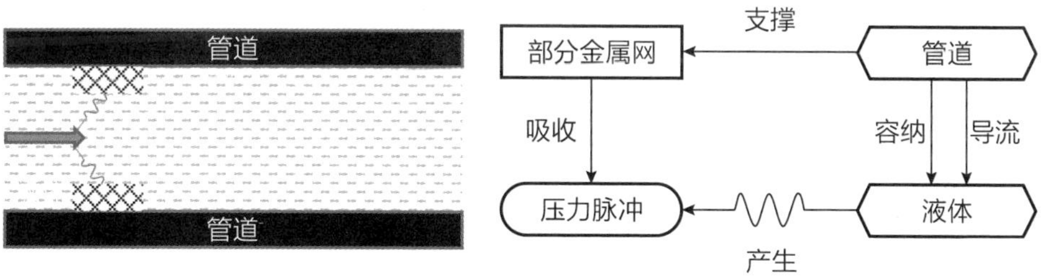

图7-16　部分裁剪金属网的裁剪模型

7.2 对流程的裁剪

对流程的裁剪是一种用于将流程中的某个操作去除（或移除）并将该操作中的有用功能分配到剩余操作中的分析工具。

7.2.1 对流程的裁剪规则

流程中的组件是各种“操作（Operation）”，所以在裁剪流程时其对象是“操作”。一个操作中往往包含若干功能，这若干功能的类型又可能有所不同，它可能是生产型功能、供给型功能或矫正型功能（见第4.2.2节）。不同类型的功能具有不同的执行方式，所以裁剪的方式取决于功能类型。具体的裁剪规则如下。

- 第1类裁剪规则。裁剪“包含生产型功能的操作”（见图7-17）。

图7-17　生产型功能的功能模型

如果满足以下条件，包含生产型功能的操作可以被裁剪：

A. 所分析的生产型功能的功能对象被从系统中移除。

B. 没有必要再执行所分析的生产型功能。

C. 所分析的生产型功能被转移到当前操作之前（或之后）的操作。

- 第2类裁剪规则。裁剪“包含供给型功能的操作”（见图7-18）。

图7-18　供给型功能的功能模型

如果满足以下条件，包含供给型功能的操作可以被裁剪：

A. 被辅助的操作被裁剪。

B. 被辅助的操作发生了变化，不再需要辅助。

C. 被辅助的操作可以自己执行供给型功能。

D. 所分析的供给型功能被转移到当前操作之前（或之后）的操作。

- 第3类裁剪规则。裁剪“包含矫正型功能的操作”（见图7-19）。

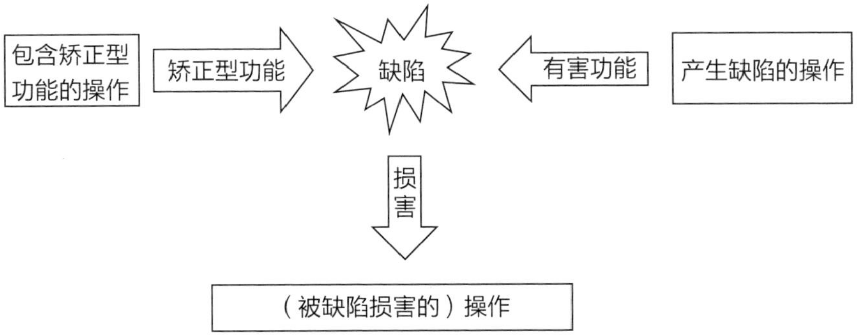

图7-19　矫正型功能的功能模型

如果满足以下条件，包含矫正型功能的操作可以被裁剪：

A. 产生缺陷的操作消失了，不再产生缺陷。

B. 产生缺陷的操作发生了变化，不再产生缺陷。

C. 产生缺陷的操作发生了变化，开始产生其他类型的缺陷。

D. 被缺陷损害的操作已被裁剪（所以去除该缺陷的操作可以被裁剪）。

E. 被缺陷损害的操作发生了变化，变得对该缺陷不敏感。

F. 矫正型功能（从当前操作）被转移到产生缺陷的操作中。

G. 矫正型功能被转移到当前操作之前（或之后）的操作。

细心的读者可能已经发现，如果一个操作中同时包含生产型功能、供给型功能、矫正型功能，应该用哪个裁剪规则呢？答案很简单：全都用。但是这样又应该如何裁剪被分析的流程呢？

请读者回顾前述的3类（共14个）对流程的裁剪规则，其核心手段为：

A. 裁剪功能的对象，达到裁剪功能进而裁剪操作的目的。

B. 改变功能的对象，使需要执行的功能没有被执行的必要性，达到裁剪功能进而裁剪操作的目的。

C. 改变功能的对象，让其自己完成目标功能。

D. 将功能移至上一（或下一）操作，从而达到裁剪原功能的目的。

上述手段与对产品的裁剪规则A、B、C非常像，读者可以按照自己的理解总结一些合适的裁剪规则。

7.2.2 案例分析

图7-20是加工凹凸棒绿茶液体牙膏的功能模型（绘制过程见第4.2.1节、第4.2.2节）。假定我要裁剪“研磨混合物”（操作）中的“研磨混合物”（功能。注：不用考虑其具体是哪种类型的功能），我可以按照如下思路来思考。

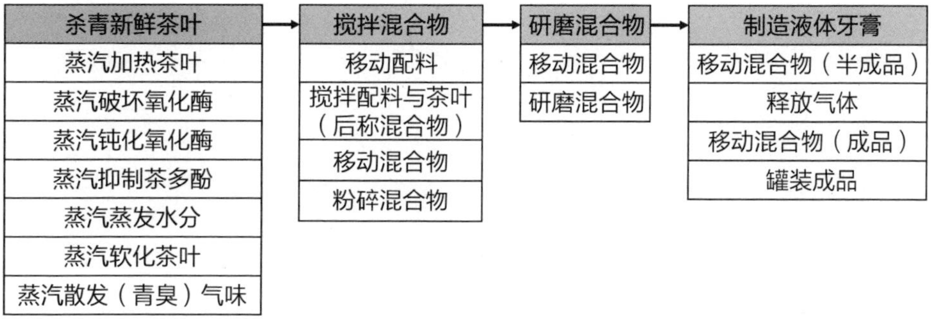

图7-20　加工凹凸棒绿茶液体牙膏的功能模型

A. 我是否可以裁剪掉混合物？如果可以将其裁剪，就可以不用“研磨”它，那么功能模型中所有与混合物有关的功能全部都可以裁剪掉，裁剪后的功能模型如图7-21所示。

根据上述功能模型，我需要思考：如何搅拌杀青后的茶叶和配料等材料组成的混合物并将其直接制成液体牙膏？

如果实现了上述结果，新的方法就规避了现有技术，实现该结果的设备和方法也就具有了可专利性。

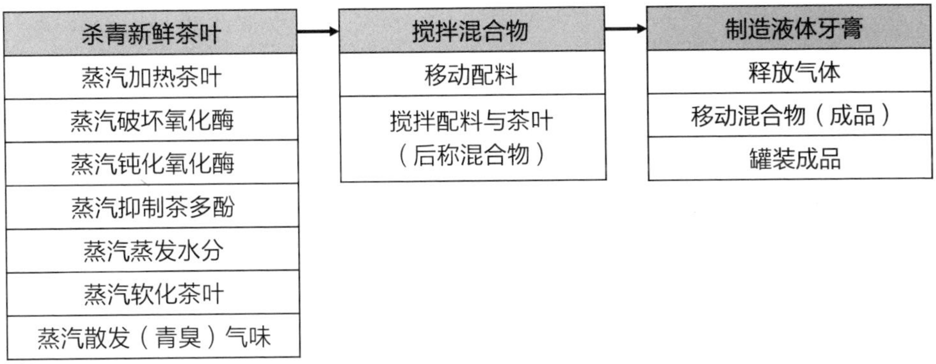

图7-21 使用裁剪规则A得出的功能模型

B. 改变混合物的颗粒度，使其没有被研磨的必要性，实现裁剪“研磨混合物”的目的，裁剪后的功能模型如图7-22所示。

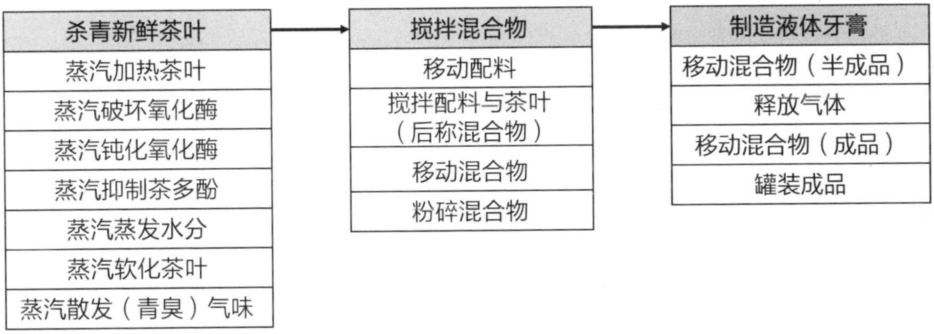

图7-22 使用裁剪规则B得出的功能模型

根据上述功能模型，我需要思考：如何在粉碎时就使混合物的颗粒度达到要求？如果实现了上述结果，新的方法和设备是不是也可以规避现有技术？

C. 在图7-20所示的功能模型中，谁可以自己完成目标功能？我还没有想到，读者可以尝试思考一下；

D. 如果可以把“释放气体”的功能转移到“研磨混合物”的操作中，也就可以不用在“制造液体牙膏”的操作中释放气体了（见

图7-23）。例如，在混凝土作业中使用真空脱水脱气技术可以降低水灰比，提高混凝土的密实度，达到防水、抗渗目的。该技术是否可以用在研磨甚至搅拌操作中呢？

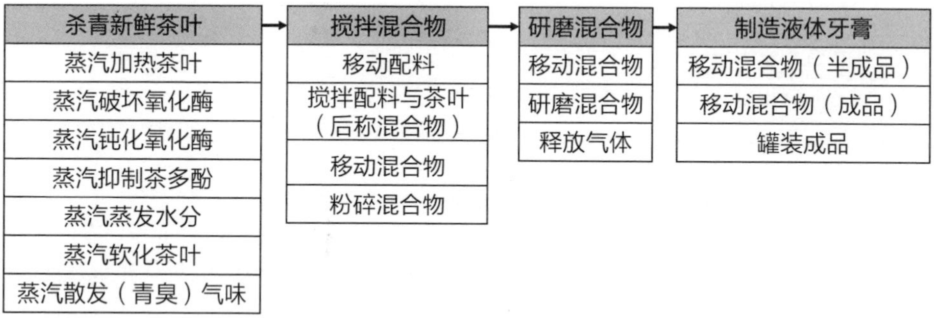

图7-23　使用裁剪规则D得出的功能模型

假如可以实现图7-23所示的流程，是否可将“制造液体牙膏”操作中的“移动混合物（半成品）”和“移动混合物（成品）”删掉一个或两个？或者，直接安装一根管子灌装是否可以？

上述裁剪过程是根据我写的裁剪规则进行的猜想，可能不具备可实施性，仅为说明如何裁剪，希望能对读者有所启发。

本章小结

裁剪是产生关键问题的工具之一。在实际使用中，由于它可以减少产品中的组件或流程中的步骤，且能保留被裁剪组件或步骤的功能，所以它常被用来进行降本或专利规避。当读者有上述两种需求时，不妨试试裁剪工具，可能会产生非常好的效果。

第 8 章　进化趋势分析[1]

进化趋势是现有技术随时间推移所显示出的发展方向，它是对现有技术发展的经验性总结。由于大量的现有技术都是按照进化趋势发展的，所以可以推定——你正在研究的技术大概率也会按照进化趋势发展。在发展过程中也许会出现“黑天鹅”，这就需要你根据实际情况客观地分析所研究的技术，看它是否遵循现有的进化趋势并预测其未来的发展。

进化趋势分析是用于分析技术系统处于进化过程中的哪个阶段（或位置），然后提供当前阶段（或位置）应对方案的工具。

细心的读者可能已经发现，在我绘制的分析问题的流程中（见图8-1）并没有进化趋势分析。

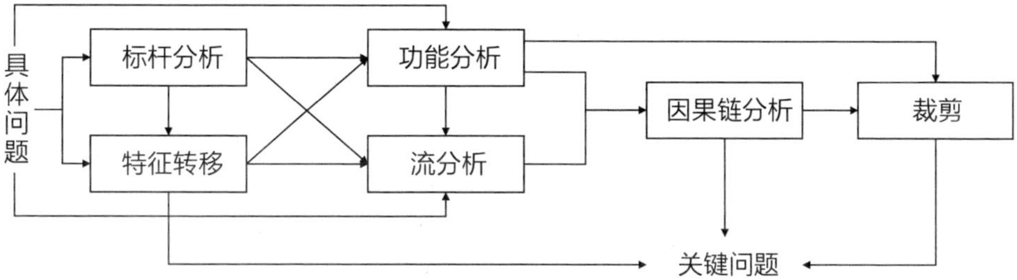

图8-1　分析问题的流程

因为我认为进化趋势分析是一个既可以单独使用，也可以与TRIZ中任一工具一起使用的通用工具。例如，可以使用进化趋势分析来预测所选定

1　本章内容源于Alex Lyubomirskiy等著的*Trends of Engineering System Evolution*，本书引用的内容已获得合著者之一Dr.Sergei Ikovenko书面授权。

标杆的下一代以产生新的技术，或者预测备选系统特征的下一代并将其转移到基础系统中，或者预测功能模型（或裁剪模型）中问题组件的下一代并判断其是否能改进功能模型（从而不用再执行裁剪），或者预测流模型中存在缺陷的节点的下一代并判断其是否能够改进流模型，或者预测导致关键缺陷的组件的下一代并判断其是否仍然会导致关键缺陷。进化趋势分析不仅可以和分析问题工具一起使用，也可以在问题解决之后预测解决方案的下一代，以产生更多的方案。

进化趋势在其发展过程中曾经有过数种变体，如系统发展规律、系统进化法则、技术系统演化模式、进化路线等，每种变体都有自己的独到之处。本章主要讨论其中的一种变体——技术系统演化模式（技术系统进化趋势）。

技术系统演化模式是TRIZ的理论基础，也是阿奇舒勒后来所有发现的基础[7]。

技术系统的演化并不是“偶然的”，而是伴随着某种模式发生的。这些模式从世界专利信息中显示出来，并“有意地”通过其演化阶段显示出提升系统的目的[7]。

8.1 技术系统进化趋势

技术系统进化趋势指的是如图8-2所示的11个进化趋势的集合。

该层级结构的含义是，在技术系统的生命周期中，它的某一个重要参数（如计算机硬盘的存储量）的发展会形成一条如图8-3所示的“S”形曲线。

在技术系统的发展过程中，之所以技术系统的某一重要参数会呈现出S-曲线的趋势，是因为该参数的价值在发展过程中呈总体上升趋势，而价值的变化往往由技术系统的完备性、协调性、裁剪度的提升，或者其向超系统过渡，或者其中的流被优化所引发。其中，系统完备性提升是因为其人工介入程度降低了。技术系统在发展过程中还会变得越来越动态化，动态化的结果是其可控性增加了，这将间接导致系统的协调性增加。此外，由于各个子系统的发展极不均衡，为了让系统继续存在下去，其协调性不得不随着各子系统的发展呈现出增加的趋势。

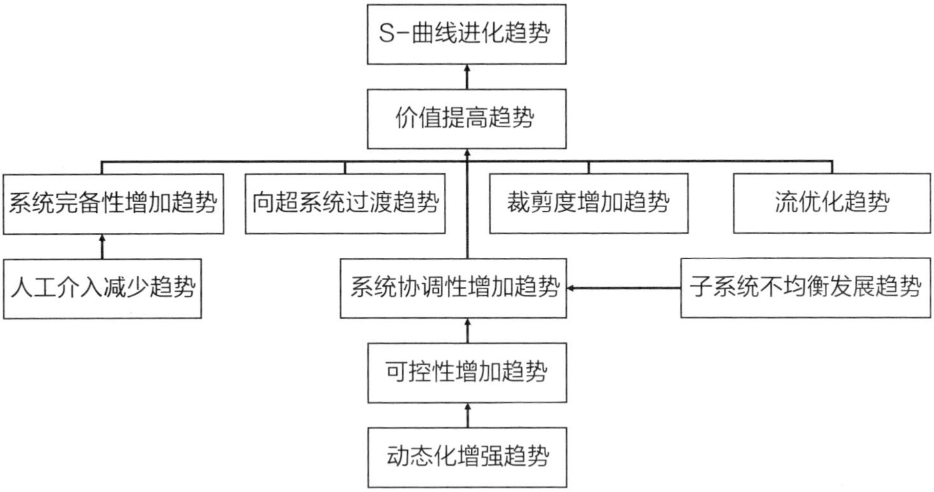

图8-2　技术系统进化趋势的集合

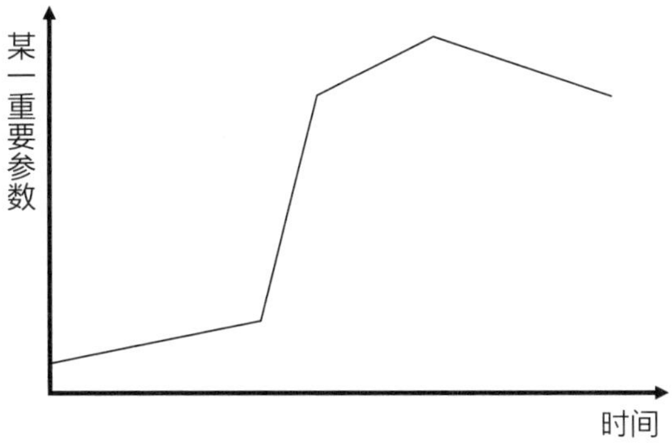

图8-3　S-曲线

进化趋势是对系统发展的经验性总结，没有按照这些趋势进化的系统大多“泯然于众系统中”。学习进化趋势的目的是，假定现有系统会按照某种趋势发展，然后预测下一代系统可能的样子，从而把控研发工作的方向。

8.2 S- 曲线进化趋势

若满足以下两个条件，新的技术系统就产生了：1）人们对某一技术系统有需求；2）存在能够满足该需求的技术[7]。

技术的S-曲线进化趋势是技术战略理论的中心环节。它所体现的是：只要限定在一段特定的时期内，或者做出一些工程方面的努力，产品的性能改善幅度就可能随着技术的成熟而发生变化。这一理论假定：在技术发展的早期，性能提高的速度将比较慢。随着人们对技术的理解逐渐加深，控制力逐渐加强，技术的应用范围更加广泛，技术改进的速度将不断加快。但在技术发展的成熟阶段，这项技术将逐渐接近渐近线上的自然或物理极限，导致人们需要投入更多的时间或执行更大的工程才能实现技术上的改进[8]。

在TRIZ中，S-曲线的横轴是时间，纵轴是技术系统的某一个重要参数，它表示在技术系统的生命周期内该参数的发展情况，如图8-4所示。

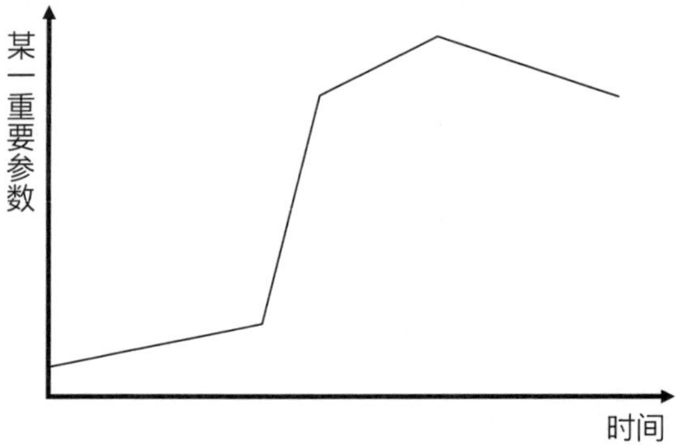

图8-4　S-曲线可表示某一重要参数的发展情况

- 在大多数书籍中，S-曲线的纵轴是主要价值参数（MPV），但我使用的是“某一重要参数”，因为我认为所有的参数几乎都会有这样的表现，如果仅研究MPV，可能遗漏某些信息。另外，MPV很难被确定且它往往会发生变化，例如，在今天决定客户购买决策的参数，未必在未来也会影响购买决策。

- 我使用折线来描述S-曲线，是因为折线可能更接近真实情况（该表现形式引自书籍*Tools of Classical TRIZ*）。

S-曲线进化趋势的使用其实很简单，首先你要相信进化趋势是“对技术系统发展规律的经验性总结”，其次要认定你所研究的技术系统的某一参数也是按照该规律发展的，最后根据一些指标确定技术系统在S-曲线上的具体位置并使用通用建议方案改进当前系统即可。

经研究，阿奇舒勒发现S-曲线有4个阶段，分别是：第1阶段（婴儿期），第2阶段（成长期），第3阶段（成熟期），第4阶段（衰退期）。由于系统在第1阶段末期非常容易受到外界干扰而呈现成功或失败两种极端情况，后来的学者在第1阶段的末尾增加了一个过渡阶段（它仍然属于第1阶段）。包括过渡阶段在内的4个阶段分布如图8-5所示。

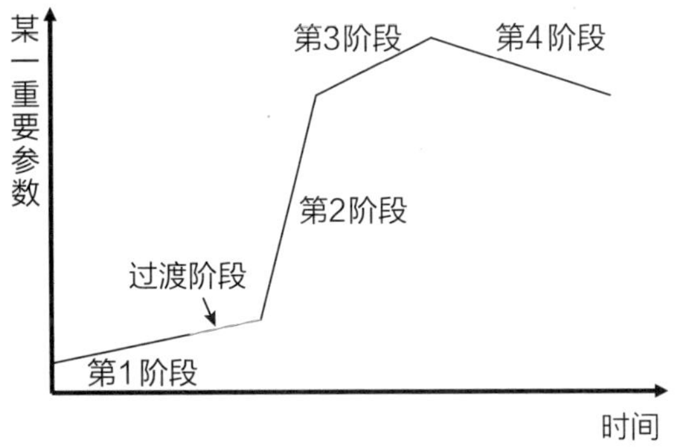

图8-5　S-曲线的各个阶段

8.2.1　系统处于S-曲线各阶段的判断指标

如果技术系统符合表8-1至表8-5中所列指标的1个或几个（具体有几个，目前没有标准），就可以确定其所处的某一具体阶段。

表 8-1　第 1 阶段的指标

	指标	例子/解释
第1阶段	技术系统刚刚产生且至少有1个冠军参数（远远领先于其他同类产品的参数）	百度筷搜可以检测出地沟油，但其他参数不尽如人意
	因实用性有限，暂未进入市场	量子计算机
	使用其他技术系统的组件	
	①与超系统的集成度增加	由于超系统是“免费”的，所以处于研发阶段的产品会体现出此特征
	②与市场上领先的、功能相同或相似的系统（备选系统）集成	油气、油电混动汽车
	技术系统的种类和数量先增加后减少	在研发阶段，技术系统往往体现出此特征，而随着研发的深入，种类和数量逐渐变少
	（由于未上市）支出大于收入	所有处于研发阶段的产品

表 8-2　过渡阶段的指标

	指标	例子/解释
过渡阶段	已经做好上市准备，但极易受到内、外部因素的攻击（从而无法上市）	在火车刚出现时，被很多人反对，从而无法大规模使用
	MPV增长迅速	由于可预期的盈利，投资增加，研发人员有资金对系统的参数进行改进

表 8-3　第 2 阶段的指标

	指标	例子/解释
第2阶段	技术系统大规模投产	1908年，福特T型车上市，美国成为“车轮上的国度”
	技术系统的参数（如外观）发生极大变化	不同消费者的喜好不同，如A喜欢黑色，B喜欢白色，为攫取更大利润，需要投其所好
	围绕技术系统的主要功能，衍生出很多其他的功能（主动的）	除了通信功能，在手机上，还衍生出许多与通信无关的功能
	市场上出现专用于当前技术系统的新产品（主动的）	手机壳、手机膜等专用于手机的产品
	技术系统可应用于更多的领域且可执行更多的功能	计算机最初被应用于科研领域，现在用于生活的方方面面
	超系统中的某些因素开始（主动）适应技术系统的变化	充电桩随着电动汽车的繁荣而兴起
	在接近本阶段的末期时，技术系统的改变放缓，差异性变小	由于受到某种发展极限的制约，技术系统产生了矛盾，无法大幅度改变

表 8-4　第 3 阶段的指标

	指标	例子/解释
第3阶段	技术系统使用了大量的专有资源	燃油汽车需要使用大量专有资源（如汽油、机油、齿轮油等）
	需要专门为技术系统设计一些其他的超系统组件（被动的）	需要给游戏显卡设计专门的散热系统
	技术系统只能以不同的外观设计来区别于其他（同功能的）技术系统	不同颜色、造型的汽车
	技术系统获得与其主要功能关联不大的附加功能（被动的）	老人用手机（大字体）

表 8-5　第 4 阶段的指标

	指标	例子/解释
第4阶段	技术系统的主要功能丧失并转变为娱乐设施、装饰品、玩具或体育设施	射箭、标枪、链球等体育项目
	技术系统仍保留其功能	
	①在专业领域	钻木取火
	②成为其他技术系统的组件之一	打火石成为打火机的组件

8.2.2　系统处于S-曲线各阶段时的改进建议

使用第8.2.1节中的指标来判断技术系统所处的阶段后，可以根据表8-6至表8-10的建议来改进系统。

表 8-6　第 1 阶段的系统改进建议

	建议	例子/解释
第1阶段	确定并消除使技术系统未能上市的瓶颈	大部分时候，瓶颈可能都是由高成本造成的
	利用已存在的基础设施和资源	现有基础设施和资源不消耗成本或消耗成本少
	提前预测当前技术系统的超系统的发展	随着传统能源价格走高，电动车的销量将提高，所以提前布局充电桩业务是有利可图的
	与当前领先的技术系统集成	油气、油电混动汽车

表8-7 过渡阶段的系统改进建议

	建议	例子/解释
过渡阶段	尽快上市	在过渡阶段，产品极易受到内外部影响，尽快上市是最佳选择
	最少有一个冠军参数且所有参数必须都是可接受的	如果存在不可接受的参数，可能导致产品一上市就“夭折”
	在冠军参数影响力最大的领域发展	可以做SWOT分析，找出优势大于劣势的领域，并使系统在其中发展
	持续适应现有基础设施和资源	现有基础设施和资源不消耗成本或消耗成本少
	除了工作原理，技术系统可以发生很大的变化	如果工作原理发生变化，相当于从头研发新的技术系统

表 8-8 第 2 阶段的系统改进建议

	建议	例子/解释
第2阶段	持续优化技术系统的性能	此阶段的盈利可以满足“持续优化”的需求
	将技术系统应用于新的领域	如果可以将产品应用于新的领域，相当于找到了一片蓝海市场
	为了将缺陷最小化，适当的妥协也是可以接受和允许的	在无法消除缺陷时，将其最小化也是一种选择
	利用超系统中的资源	在TRIZ中，超系统资源被认为是“免费的”
	增加（或裁剪）组件可以有效地改善技术系统	增加组件可以增加功能，裁剪组件可以降低成本

表 8-9 第 3 阶段的系统改进建议

	建议	例子/解释
第3阶段	短期、中期建议：	
	①降低成本，开发提供服务功能的组件，增加美学设计	通过新增加组件来营利，增加美学设计来吸引新顾客
	长期建议：	
	①克服发展极限，使用其他工作原理解决矛盾	发展极限限制了系统的发展

续表

	建议	例子/解释
第3阶段	②深度剪裁，与功能相同或类似的系统（备选系统）或超系统集成	通过深度裁剪降低产品成本，与备选系统集成可减少研发投入
	③寻找其他还处于第1阶段、过渡阶段或第2阶段的MPV，将其应用于当前技术系统	第1阶段、过渡阶段、第2阶段的MPV能够更有效地影响用户购买决策

表 8-10　第 4 阶段的系统改进建议

	建议	例子/解释
第4阶段	为技术系统寻找仍然可能具备竞争力的领域	功能手机不受青年人青睐，但很适合正在上学的儿童
	短期、中期建议：	
	①降低成本，开发提供服务功能的组件，增加美学设计	通过新增加组件来营利，增加美学设计来吸引新顾客
	长期建议：	
	①克服发展极限，使用其他工作原理解决矛盾	发展极限限制了系统的发展
	②深度剪裁，与功能相同或类似的系统（备选系统）或超系统集成	通过深度裁剪降低产品成本，与备选系统集成可减少研发投入

8.2.3　系统处于S–曲线各阶段的原因

技术系统处于不同阶段的原因如表8-11所示。

表 8-11　技术系统处于不同阶段的原因

	原因
第1阶段	• 资源短缺 • 技术瓶颈
过渡阶段	• 将技术系统推向市场的力量与阻止其进入市场的力量不平衡 • 由于害怕被取代，来自竞争者的阻力会越来越大，甚至会很极端（包括做骇人听闻的试验、立法阻止等）
第2阶段	• 技术系统远未达到其发展极限 • 因系统具有可预期的盈利能力，大量资金涌入 • 人们开始利用所有可获得的资源，来发展技术系统 • 可以提升技术系统效率的自定义组件开始盈利
第3阶段	• 技术系统面临发展极限 • 成本和有害因素快速增长 • 存在一些无法解决的矛盾
第4阶段	• 市场上出现很多正处于第2阶段的、更有效的技术系统 • 超系统发生了改变，降低了人们对当前技术系统的需求，更为严重的是，超系统的改变可能导致当前技术系统不复存在

在S-曲线中需要注意以下情况。

1. 再生。当技术系统处于第4阶段时，有可能因为出现新技术、新材料或由于超系统的变化发现了新的MPV，系统再次受到细分市场的青睐而获得新的盈利点。

2. 长尾。如果企业产品的种类繁多，有可能将大量精力聚焦于新产品研发而忽略已有产品带来的利润。请不要忽略那些处于第4阶段的“长尾”产品（见图8-6。例如音乐公司会将精力聚焦于打造“百万销量”的单曲，但曲库中其他数十万首歌曲每年也都可以给公司带来稳定的收益，这些歌曲就是所谓的“长尾”产品）。

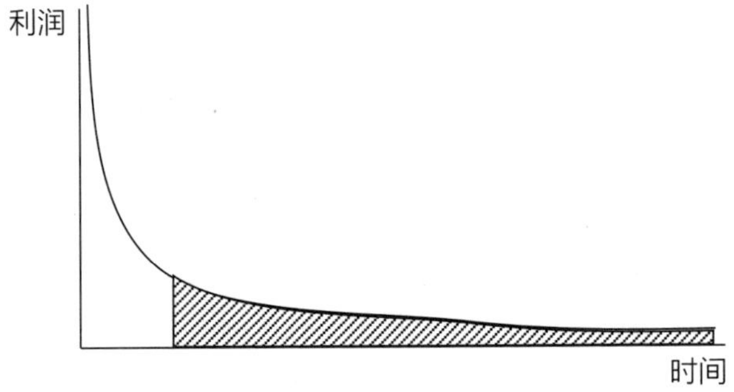

图8-6　“长尾”产品

8.3 其他趋势

8.3.1 价值提高趋势

价值提高趋势是指：随着技术系统的发展，它总是趋向于提高自身价值。

在TRIZ中有两个含义很接近的概念：价值（V）、理想度（i）。其计算公式如图8-7所示。

$$V=\frac{\Sigma F}{\Sigma C}=\frac{\Sigma功能}{\Sigma成本}\qquad i=\frac{\Sigma\ \text{Useful}}{\Sigma\ \text{Harmful}+\Sigma\ \text{Payment}}=\frac{\Sigma有益}{\Sigma有害+\Sigma支出}$$

图8-7　价值与理想度的计算公式

其中，价值（V）的概念来自价值工程，相较于理想度，它更加具体而且是可计算的。理想度（i）来自经典TRIZ，是一个不可计算的概念公式，用于表明理想系统的设计方向。取该计算公式的极限（分子无限大、分母无穷小），得到的是一种“没有消耗，但又可以得到所有好处的系统”，它被称为最终理想解（Ideal Final Result，IFR）。

如果能够通过第8.2.1节中的指标判断出系统处于哪一阶段，就可以在具体的阶段采取如图8-8所示的价值提高策略，来提高系统价值。

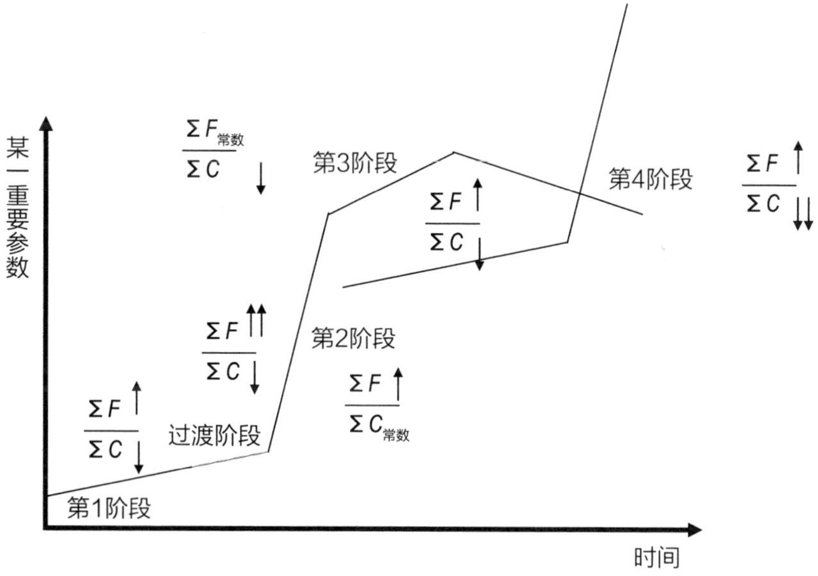

图8-8　价值提高策略

在图8-8中出现了一条新的S-曲线，它表明在当前系统发展到第3阶段前，企业应该及早布局下一代系统，这种现象被称为“S-曲线的跃迁”，某些专家称该曲线为“第二曲线”。更常发生的状况可能是：A和B是销售同类产品的两个企业，A企业的研发重点是产品的参数1（如硬盘的容量），B企业的研发重点是产品的参数2（如硬盘的尺寸）。B企业发现它很容易将产品的研发方向转向参数1，于是就更换了研发方向（B企业不再研发更小尺寸的硬盘，而是研发与A企业尺寸相同但容量更大的硬盘）。B企业很快抢占了A企业的市场，然后就会出现如图8-8所示的“跃迁”现象。A企业如果不希望出现该现象，就必须在第2阶段及早布局，否则很容易在市场竞争中败北。

8.3.2 系统完备性增加趋势

系统完备性增加趋势：随着技术系统的发展，它的功能将趋向于完备。

完备的技术系统必须具备以下功能，其完备性增加趋势如图8-9所示。

- 执行功能（The Function of Operating Agent）。
- 传动功能（The Function of Transmission）。
- 能源功能（The Function of Energy Source）。
- 控制功能（The Function of Control System）。

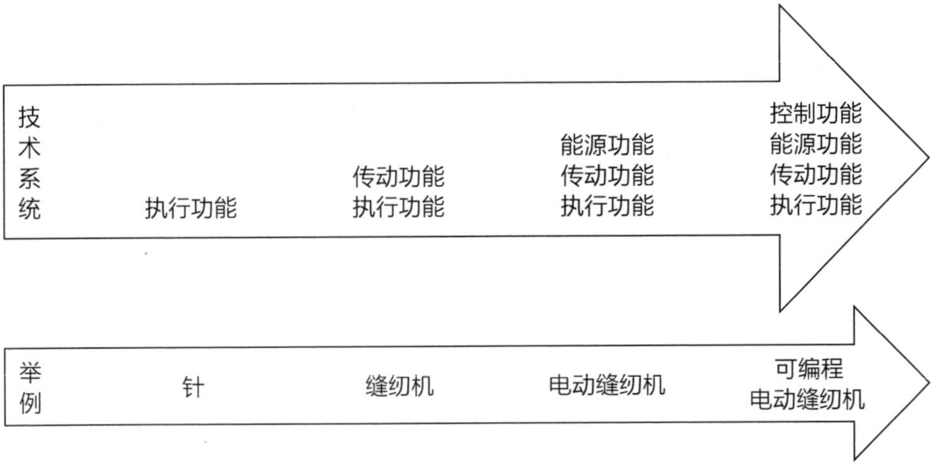

图8-9 系统完备性增加趋势

如图8-9所示，针最初只有执行功能（引导线），其他功能完全由人来执行。缝纫机引入了传动功能，人提供能源和控制功能。电动缝纫机引入了能源功能，人仅提供控制功能。可编程电动缝纫机引入了控制功能，成为一个“完备的技术系统”。

8.3.3 人工介入减少趋势

人工介入减少趋势是指：随着技术系统的发展，由人执行的功能数量逐渐减少。

人类最初执行所有功能，随着技术系统变得越来越完备，人逐渐将以下功能交给技术系统来执行（见图8-10）。

- 执行功能。
- 传动功能。
- 能源功能。
- 控制功能。

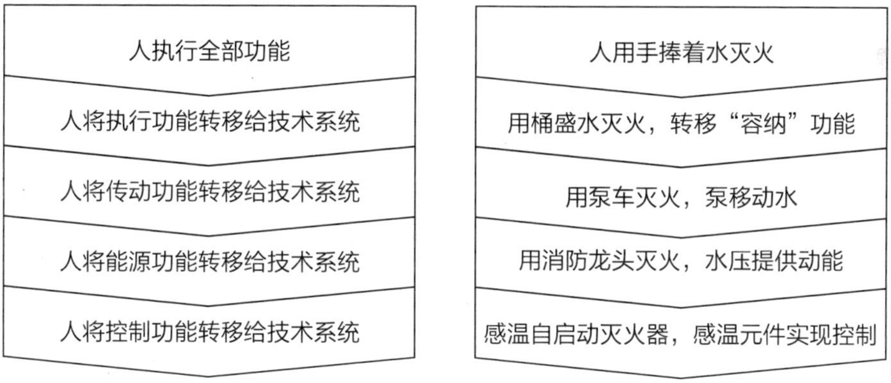
人执行全部功能
人将执行功能转移给技术系统
人将传动功能转移给技术系统
人将能源功能转移给技术系统
人将控制功能转移给技术系统
人用手捧着水灭火
用桶盛水灭火，转移“容纳”功能
用泵车灭火，泵移动水
用消防龙头灭火，水压提供动能
感温自启动灭火器，感温元件实现控制

图8-10 人工介入减少趋势

细心的读者会发现：人工介入减少趋势与系统完备性增加趋势之间有一定的对应关系，系统越完备则人工介入越少。换句话说，想要介入的人工越少则系统必须更加完备。

8.3.4 向超系统过渡趋势

向超系统过渡趋势是指：随着技术系统的发展，它将逐渐与超系统的组件集成，集成过程遵循如下趋势（并列关系）。

- 集成“参数差异化更大的”超系统组件。
  - 初始系统（如单桅帆船）。
  - 集成“与初始系统的参数相同或相似”的系统（如有前帆、后帆的船）。
  - 集成“与初始系统至少有一项参数差异的”系统（如有前帆、后帆、横帆的船）。
  - 集成“与初始系统功能相同或类似但参数可能不同的”系统（如有蒸汽机的帆船）。
- 集成“主要功能差异化更大的”超系统组件。
  - 初始系统（如燃气灶）。
  - 集成“与初始系统主要功能的对象相同”的系统（如燃气灶+电磁炉）。
  - 集成“与初始系统占用同一资源”的系统（如燃气灶+电磁炉+烤箱）。
  - 集成“与初始系统主要功能相反”的系统（如烤箱+冰箱）。
- 集成的“超系统组件”的数量增加。
  - 单系统（如手表）。
  - 双系统（如带有指南针的手表）。
  - 多系统（如带有指南针、储物空间的战术手表）。

- 集成的程度加大。
    - 初始系统（如“大哥大”）。
    - 初始系统与超系统组件/功能集成（如带有短信、邮件收发功能的功能手机）。
    - 部分裁剪“被集成系统”后的系统（如天线内置的手机）。
    - 完全裁剪“被集成系统”后的系统（如智能手机）。

上述趋势如图8-11所示。

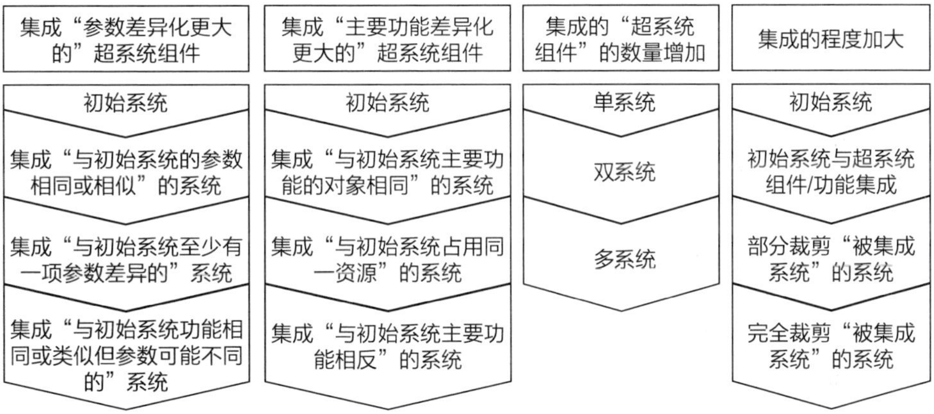

图8-11　向超系统过渡趋势

8.3.5　裁剪度增加趋势

裁剪度增加趋势是指：随着技术系统的发展，其组件（或操作）将被裁剪，技术系统得到进一步优化。裁剪过程遵循如下趋势（并列关系）。

- 裁剪功能模块。
    - 初始系统。
    - 裁剪执行传动功能的模块（如裁剪牙刷柄，用指头带动牙刷套运动）。

   ○ 裁剪执行能源功能的模块（如裁剪电源，用太阳能驱动原设备）。
   ○ 裁剪执行控制功能的模块（如裁剪系统的温度控制单元，使用双金属片实现温度控制）。
- 裁剪操作。
   ○ 初始系统。
   ○ 裁剪执行矫正功能的操作（如优化生产工艺，使生产过程中不出现毛刺等缺陷）。
   ○ 裁剪执行供给功能的操作（如通过精益方法，改进生产流程，减少反复“搬运”等操作）。
   ○ 裁剪执行生产功能的操作（如使用冷塑代替热塑，裁剪了“加热”功能）。
- 裁剪低价值组件。
   ○ 根据价值公式$V=\Sigma F/\Sigma C$计算出每个组件的价值并裁剪其中的低价值组件。

上述趋势如图8-12所示。

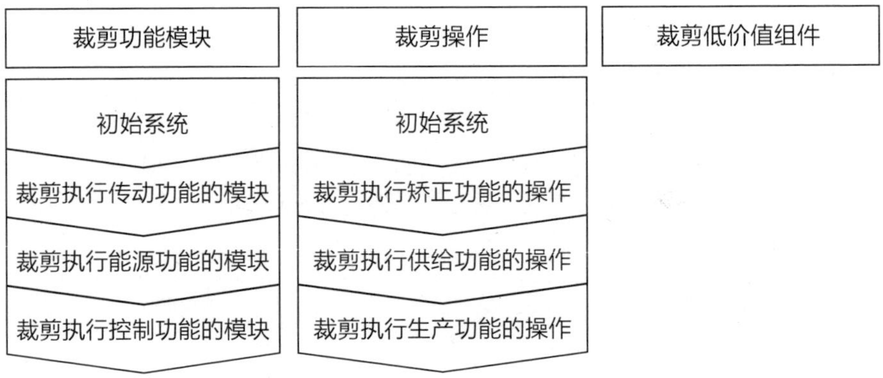

图8-12　裁剪度增加趋势

8.3.6　流优化趋势

流优化趋势是指：随着技术系统的发展，物质（能量或信息）的流动加快并被更好地利用。具体趋势如表8-12所示。

表 8-12　流优化趋势

1.改善有用流		2.减少有害流或浪费流的负面影响	
A.增加流的传导性	B.提高流的利用率	A.减少有害流的传导性	B.减少有害流的影响
减少流的转换次数	消除“停滞区”	增加流的转换次数	引入“灰色区”
转化为更高效的流	利用脉冲周期作用	转换为流动性差的流	降低流密度
减少流通道的长度	利用共振	增加流通道的长度	消除共振
消除“灰色区”	调节流	引入“瓶颈”	重新分配流
消除“瓶颈”	重新分配流	引入“停滞区”	组合流和“与其作用相反的流”
绕过	组合同类型的流	降低通道某一部分的传导性	改变流（的属性）
扩大流通道中各个独立部分的导通性	利用“回流”	利用“回流”	改变被（流）损害的对象
增加流密度	组合不同的流，以获得协同效应		预置能够中和有害流的物质、能量或信息
将一个流的有用作用应用于另一个流	预置必要的物质、能量或信息		绕过
将一个流的有用作用应用于另一个流的通道上			将流传输到超系统
用一个流承载另一个流			回收或再利用偶发流
将多个流分配到同一通道			
改变流，以增强传导			
引导流通过超系统通道			

8.3.7　系统协调性增加趋势

系统协调性增加趋势是指：随着技术系统的发展，系统中的组件将沿着与其他组件和超系统组件越来越协调的方向进化。协调的方式如图8-13所示。

在图8-13中，形状协调、节奏协调、材料协调、作用协调属于并列关系。“相同形状”“自兼容形状”等也属于并列关系。进化方向从某一组件或某一对象指向其他各种情况。

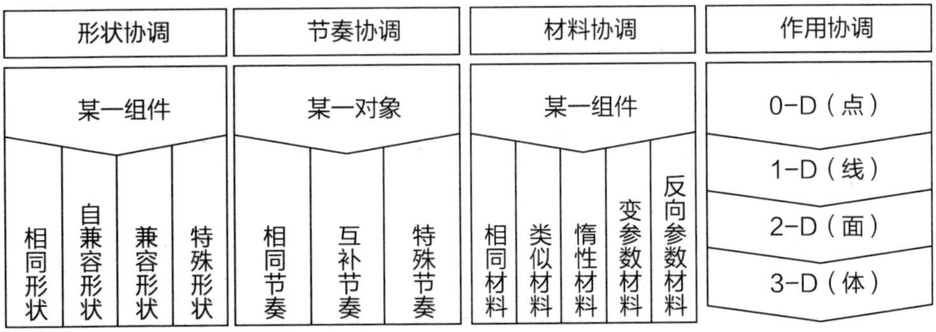

图8-13　系统协调性增加趋势

例如，螺栓（某一组件）与螺母（相同形状）形状协调；人体（某一组件）与人体工程学设计的椅子、键盘（兼容形状）等形状协调……

作用协调表示，系统在执行功能时其作用（功能动作）的进化方向。由于功能包括有用功能和有害功能，并且执行该功能的资源有过度和不足等情况，所以在不同情况下作用协调体现出如表8-13的趋势。

表 8-13　作用协调

		资源的量	
		过量	不足
期望效果	有用功能	① 0D→1D→2D→3D	② 3D→2D→1D→0D
	有害功能	③ 3D→2D→1D→0D	④ 0D→1D→2D→3D

8.3.8　子系统不均衡发展趋势

子系统不均衡发展趋势是指：随着技术系统的发展，执行功能的组件会最先得到进化，随后是其他功能，其发展趋势如图8-14所示。

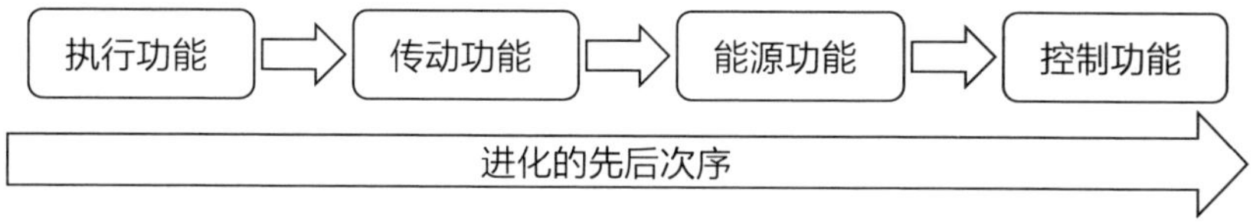

图8-14 子系统不均衡发展趋势

本趋势最重要的作用是：让使用者清楚地知道子系统的发展是不均衡的。在遇到问题时，我们可以根据情况解决“发展速度最快的”子系统中的矛盾，也可以加速“发展速度慢的”子系统。

8.3.9 可控性增加趋势

可控性增加趋势是指：随着技术系统的发展，它将向着可控性水平越来越高、可控状态越来越多的方向进化，其发展趋势如图8-15所示。

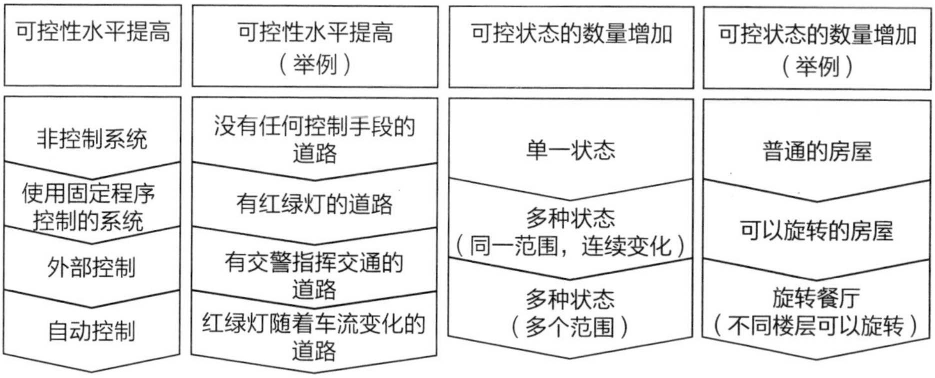

图8-15 可控性增加趋势

8.3.10 动态化增强趋势

动态化增强趋势是指：随着技术系统的发展，技术系统及其组件会变得越来越“动态化”，其发展趋势如图8-16所示。

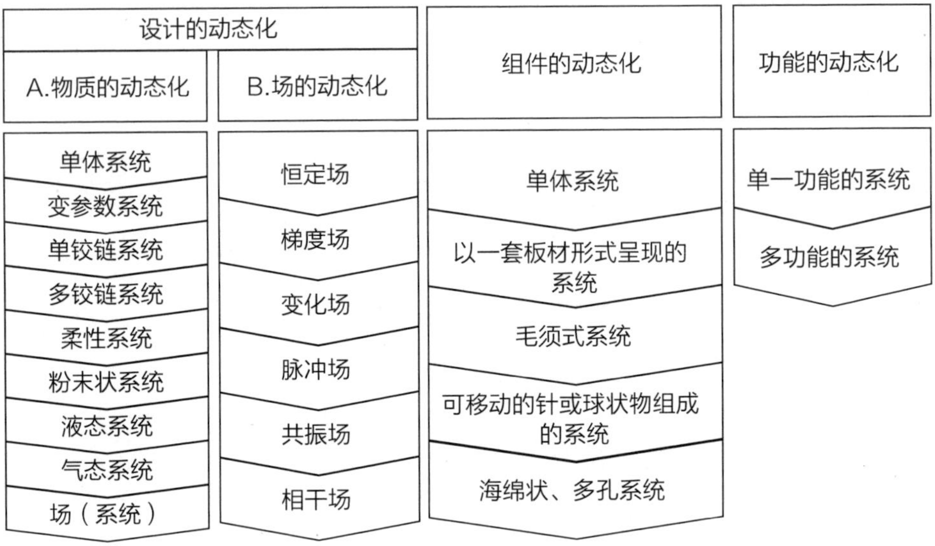

图8-16　动态化增强趋势

本章小结

进化趋势是对技术系统发展的经验性总结，读者可以使用它来判断自己研究的技术系统所处的位置，以确定未来的研发方向，从而少走弯路，节约时间。它可以与任一问题分析工具一起使用，也可以被应用于问题的解决方案，是一个通用性非常高的工具。

第3部分

TRIZ中的解决问题工具

绿色木材指的是刚砍下来的木材，称其为“绿色”是因为它还没有干。一位叫乔·西格尔（Joe Siegel）的人认为木材上的绿色是漆上去的，他将“销售漆成绿色的木材”作为事业并且取得了成功。另一位对木材知识非常了解的人却没有靠销售木材赚到钱，甚至还破了产[9]。

在面对新问题时，我可以如乔·西格尔对木材的理解那样，对问题本身知之甚少却歪打正着地解决了问题。但如果想要彻底解决问题，像乔那样只知问题的皮毛就非常不可取了。我需要使用问题分析工具对问题进行详尽的分析，得到关键问题后，再使用第3部分建议的工具来解决问题，如下图所示。其中的关键问题是，在约束条件下，找到实现项目目标必须要解决的问题。其形式如“如何……（How to……）”

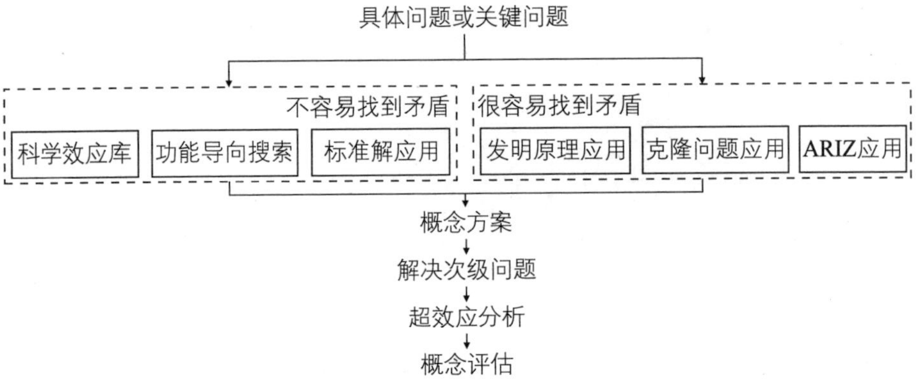

解决问题的流程

一些读者可能会问：如果没有得到关键问题，是不是就不可以用这些解决问题工具解题了呢？我的回答是：不一定。

如果能找到导致问题产生的具体问题，可以直接使用上图中的解决问题工具。如果问题比较复杂，应先使用分析问题工具将问题解析为关键问题，再使用解决问题工具解题，这往往可以得到令人满意的答案。

接下来，读者会发现，在不同的解决问题工具中，有一些内容是重复或相似的：

- 科学效应库和功能导向搜索的用法十分相似；
- 标准解应用包含了科学效应库、发明原理应用和前文所述的技术系统进化趋势；
- 发明原理应用中的技术矛盾和物理矛盾可以相互转化；
- 克隆问题应用其实是具有相同物理矛盾的问题的特殊应用；
- ARIZ应用是一个包含了技术矛盾、物理矛盾、标准解、科学效应库等工具的流程化的问题解决方法。

在解决问题时，为了避免出现“重复使用相似工具解决同一问题”的情况，读者需要知道在哪个场景中使用哪个解决问题工具。如果很难在关键问题中找到矛盾，可以直接使用科学效应库、功能导向搜索、标准解应用来解题。如果能够找到矛盾，使用发明原理应用、克隆问题应用、ARIZ应用来解题将是更好的选择。

在解决问题的过程中，可以单独使用上述的每个工具，也可以同时使用多个工具，在使用多个工具时没有先后顺序。具体使用哪个（些）工具要看问题的实际情况和读者自己的需求。在对TRIZ没有深刻的理解前，不建议使用ARIZ，否则容易“晕头转向”。

第 9 章　科学效应库

科学效应库（Scientific Effect Database）是由科学原理、效应等构成的数据库。

如果已经知道要实现的某一具体功能（如移除固体），或者要测量、改变、增大、减小、稳定某一参数（如测量、改变、增大、减小或稳定频率），或者要将一种能量转换成另一种能量（如动能转换成电能），可以根据不同的需求调用科学效应库。

在TRIZ研究的早期阶段，阿奇舒勒就发现："在不同的技术领域，可以找到能够实现相同功能的效应和现象。"基于此，他在1971年的ARIZ-71中提出了一些用于解决发明问题的物理效应。同年，Yuri Gorin提出了将一般技术功能与特定物理效应和现象联系起来的物理效应库[10]。

1985年，几何效应和化学效应被加入物理效应库；1989年，技术效应库被提出，它将技术功能与具体技术联系起来；1993年，V.Timokhov发布了基于生物效应的数据库[11]。

使用科学效应库的使用流程如图9-1所示。

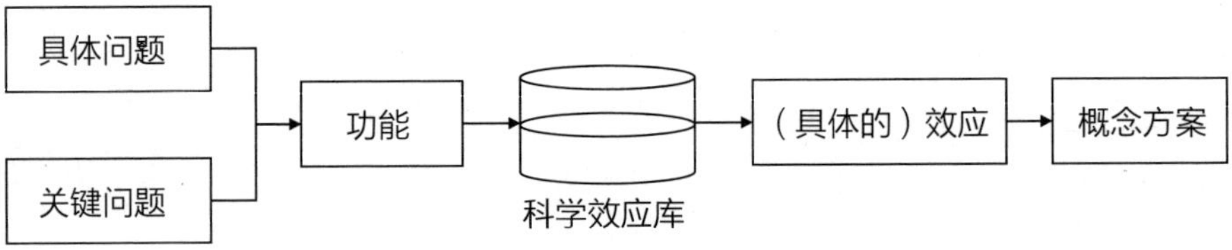

图9-1　科学效应库的使用流程

在第6章的管道案例中，我得到了一个关键问题：如何去除压力脉冲？

针对该关键问题，可以尝试引入新系统或新方法，或者改进现有的金属网，或者消除压力脉冲带来的危害，来解决问题。

根据项目本身的特点，我选择引入新系统或新方法来“去除压力脉冲”。

其中，要完成的功能是“去除压力脉冲”，具体的去除手段可以是“吸收、消除、提取、分解等”。可使用的动词有很多，读者可以先写出一个自己认为合适的词，然后在搜索引擎上搜索该词的同义词、近义词、衍生词……如果时间足够，最好再找到上述各词对应的英文单词，并制作一个“动词列表”。

为了扩展搜索的范围，可以将该功能的对象——压力脉冲，进行“上位”操作。上位即提升到更高的层级，例如，橙汁可以上位为饮料，饮料可以上位为液体，液体又可以上位为流体。理论上，如果一种技术或设备可以应用于流体，很可能也可以应用于橙汁。

上位操作可以让你找到更多解决问题的手段。可以将压力脉冲上位为一种能量。如果可以找到一种吸收（或消除、取出、分解、去除……）能量的手段，这种手段可能就可以用来去除压力脉冲。

在找到合适的动词+名词组合的功能后，可以在搜索引擎（建议用Google或Bing）中检索“How to absorb energy from liquid?”并在得到的结果中查看是否有满意的答案，如果没有，可以更换其中的动词和/或名词来重新检索。

然而，读者都知道这样一个事实：搜索引擎给的答案往往过多，我们很难得到精准的结果。这就需要建立一个在检索结果中仅包含科学效应的数据库。

阿奇舒勒在《创造是精确的科学》的附录中列出了30个科学效应，这个数量显然是不够的。读者可以访问“OxFord Creativity”网站来查询科学效应[1]。

对于前述“吸收能量”的手段，我找到了科学效应“干涉（Interference）”：两列或两列以上的波在空间相遇时会发生叠加或抵消，从而形成新的波形。

如图9-2所示，如果可以将管道中的波一分为二，再使两列波的相位相反，就可以达到相消的效果。

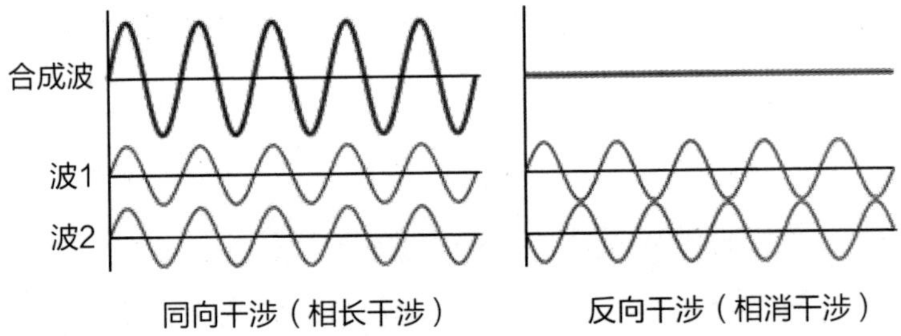

图9-2　相长干涉与相消干涉

美国专利US 4346781建议，在管道中引入一个分流器5（见图9-3），将来流分割成上下两股流体。在分流器中，上方流体的相位不变，下方流体的能量被结构19中的物质23吸收后其相位反相。在分流器5的末端21，两股流体发生相消干涉，不再和管道发生共振。

1　1）如果无法访问，可能是因为网站过期了。2）读者也可以关注我的公众号“晶品TRIZ”，其中也有科学效应库而且是中英双语的。3）针对同一个功能在不同的效应库中检索，得到的结果可能是不同的。一方面是不同数据库的检索规则可能不同，另一方面是数据库的整理者对同一功能的理解不同，再一方面是整理者的数据来源不同。

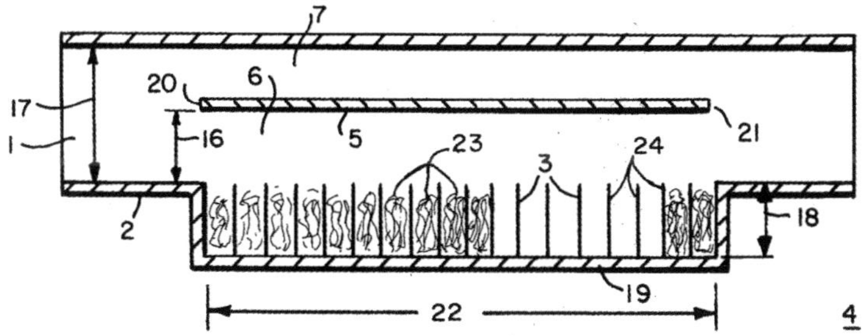

图9-3　US 4346781

本章小结

科学效应库是前人归纳出的执行某种功能，改变某个参数或进行某种能量转换的数据库。科学效应库所推荐的效应或应用可以极大地提升解题的效率。强烈建议读者将其作为解题的备选工具。

第10章　功能导向搜索

功能导向搜索（Function Original Search，FOS）是一个基于功能寻找其他领域的现有技术来解决问题的方法和工具。

如果已经知道要实现的某一具体功能（如移除固体），除了使用科学效应库，还可以使用FOS来解决问题。早在20世纪80年代中期，一些TRIZ领域的先驱就开始开发FOS。

自1988年该工具第一次被实际使用后，FOS在数个工程领域的数百个项目中被验证有效[12]。

FOS的使用流程如图10-1所示。

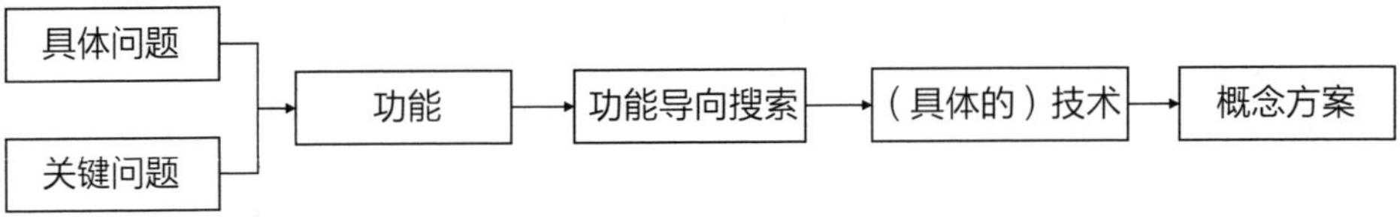

图10-1　FOS的使用流程

仔细观察，图10-1和图9-1几乎是一样的，它们的区别仅在于：通过科学效应库检索到的是效应（解决问题的“理论上的方法”，但该方法不一定可以应用于实践）；通过FOS检索到的是经过实践检验的、在其他领域已经应用的现有技术（只要克服限制因素，该技术就可以被应用于技术人员所在领域）。

为了帮助技术人员更好地应用FOS，TRIZ领域的先驱们总结了FOS的算法。最早的一版算法非常复杂，包含12个步骤，详细内容见论文“New

TRIZ-Based Tool —— Function-Oriented Search (FOS) [12]"。后来，FOS的算法被简化成7个步骤：

1. 确定关键问题；

2. 陈述需要改进的具体功能；

3. 陈述所需的功能参数；

4. 将具体功能转化为归一化功能；

5. 使用知识库来确定实现相同功能的领先领域；

6. 选择最适合改进功能的技术；

7. 解决因实施所选技术而要解决的次级问题。

我将使用如下案例来解释该算法的应用过程。

案例：某客户需要生产一种塑料卫生护垫，其表面有数千微孔。这些孔是通过"冲压"的方式加工而成的。目前，该产品存在两个主要问题：①开孔面积小（<12%），②孔的边缘不平[12]。

开孔面积小是指单次冲压开孔的面积与总面积的比值小。如果使用更大的冲压机开孔，塑料片会变得非常软，无法进行后续加工。激光打孔技术可以解决开孔面积和孔边缘不平的问题，但成本很高，客户不愿使用。

FOS算法的具体应用过程如下。

1. 确定关键问题

— 关键问题。如何获得大的开孔面积和边缘光滑的孔？

— 说明。关键问题应该通过特征转移、因果链分析或裁剪得出，而不应该直接从问题背景得出。此处仅为说明FOS的应用过程。在解决真实问题时，建议读者先使用第2部分所述的分析问题工具将问题分析透彻，在得到关键问题后再应用FOS（不是说不经过分析就不能应用FOS，而是说可不经过分析直接应用FOS的问题不会太复杂——读者可能早就已经解决了）。

2. 陈述需要改进的具体功能

— （在塑料片上）打孔。

— 说明。“打孔”这一功能很容易让人误以为它是由动词“打”和对象“孔”构成的。但“孔”不是物质，不是场，也不是物质和场的组合，是不能作为功能对象的。“打孔”是英文“punch”的中文翻译，是功能的动词，而对象是塑料片（plastic sheet）。如果将该功能直接翻译成中文，应该是“打孔塑料片”。这种说法很奇怪，所以我将其修改为“（在塑料片上）打孔”。有时，使用其他语种来描述功能可能可以避免语法上的一些小问题。

3. 陈述所需的功能参数

— 开孔面积 ≥ 20%。

— 孔径 ≤ 5 μm。

— 强度。不低于打孔前。

— 成本。不超过机械冲压。

— 说明。上述参数是从客户需求中提取的，读者根据实际情况撰写即可。

4. 将具体功能转化为归一化功能

— 具体功能。（在塑料片上）打孔。

— 归一化功能。（在薄片上）开孔。

— 说明。归一化过程是个“上位”过程，也就是将功能动词和对象的范围扩大。我将“打孔”上位为“开孔”的目的是，规避“打”这个动作。在将动词上位时尽量不要用太具体的动作，因为“当你拿着锤子时，你看什么都像钉子，总想锤几下”；可以将“塑料片”上位为“薄的材料”或“薄片”。

5. 使用知识库来确定实现相同功能的领先领域

在TRIZ中，“领先领域”指的是一旦未完成所述功能，则所述领域的生存状态将受到影响的领域。如航天、军工、医疗、玩具等。

— 本例中的领先领域：航天领域。

6. 选择最适合改进功能的技术

— 在本例中，原作者西蒙博士找到了一种用于测试航天飞机外壳的微陨石建模技术。模型材料为钢箔，所需的开孔直径为5~10 μm。该技术基于一种能够向钢箔喷射等尺寸颗粒的“粉末枪”，这种枪能在几分之一秒内在钢箔上开出数千个均匀的孔，开孔面积超过30%且开孔后钢箔的强度不会改变。

7. 解决因实施所选技术而要解决的次级问题

— 次级问题。为实施所选技术而必须解决的问题（注意，不是在实施所选技术后引起的次生问题）。

— 本例要解决的次级问题。如何将粉末枪小型化？如何设计开孔面积的大小？如何实现连续生产？等等。

一旦解决上述问题，就可以实施粉末枪的概念方案。

FOS是一个非常好用的工具，因为它是“从其他领域寻找现有技术来解决本领域技术问题”的方法。如果解决问题的方法来自其他领域，也就意味着新的解决方案对本领域技术人员来说可能是“非显而易见”的，则该解决方案也就可能具备“创造性”，从而具备了可申请发明专利的条件。

在实际应用过程中，FOS的第5步（使用知识库来确定实现相同功能的领先领域）是最困难的。因为它需要使用者有一个强大的“知识库”——要么认识很多人，要么掌握大量的现有技术。“认识很多人”对于普通人来说是极其困难的，而且即使你真的认识很多人，对方也不一定会免费为你提供所需的信息。例如，在前述卫生护垫的案例中，使用者找到了航天领域且确定了想要的技术，但普通人不太可能认识航天领域的专家（或者专家不愿免费告知信息）。那该怎么办?

一些大公司会有自己的专家库，但怎么运用就需要读者根据公司的具体情况来操作了。

我个人比较倾向在“现有技术”中寻找解决方案，而最方便的现有技术库莫过于专利库（论文库也可以），所以掌握一定的专利或论文检索知识是必要的。如果在专利库中寻找解决方案，则可将上述第5步和第6步合并为一步。读者也可以根据自己的情况来优化上述步骤，以形成自己的算法。不过，在如此操作后，FOS与科学效应库的使用就没有太大区别了。

本章小结

FOS和科学效应库在使用上是非常类似的，区别仅在于，使用FOS的目标是找人或现有技术，而使用科学效应库的目标是寻找效应。在解决问题时，不要拘泥于具体使用哪个工具，能简单、高效、低成本地解决问题就好。

第11章　标准解应用

标准解（Inventive Standard）是一种将“问题的物—场模型”转换为“解决方案的物—场模型”以寻找解决问题的概念方案的规则。

该规则由编号、名称、适用场景及解题方法、图例等部分构成。以标准解S 1.2.1 为例进行说明。

S 1.2.1 通过引入S_3，来消除有害相互作用。在“物—场模型”中，如果物质S_1和S_2之间同时存在有用和有害作用，并且不要求S_1和S_2彼此紧密相邻，则可以在S_1和S_2之间引入无成本的物质S_3。

①编号。在S 1.2.1中，S是Standard的首字母，1.2.1指第1类第2子类的第1个标准解。

②名称。“通过引入S_3，消除有害相互作用”是对标准解S 1.2.1解决问题方法的简单描述。

③适用场景及解题方法。“在‘物—场模型’中，如果物质S_1和S_2之间同时存在有用和有害作用，并且不要求S_1和S_2彼此紧密相邻，则可以在S_1和S_2之间引入无成本的物质S_3”是对标准解S 1.2.1 适用场景及解决问题方法的描述。

④图例。如图11-1所示，这是通过图形将③所述的适用场景及解题方法表示出来的一种方式。

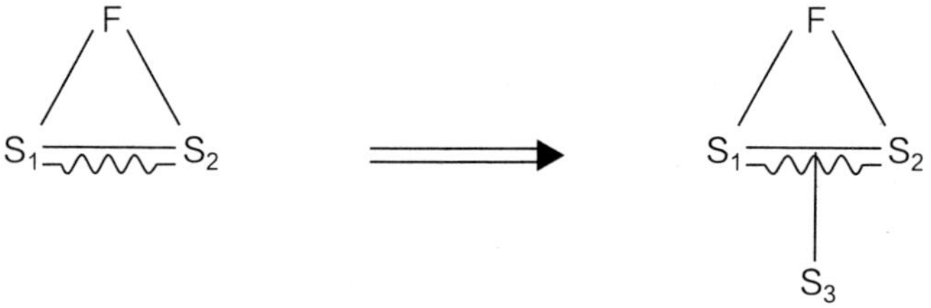

图11-1　标准解S 1.2.1的图例

上述的①②③是每个标准解都包含的。但有时，由于“胜千言”的图不太好画，并且看文字也能很容易明白该标准解想要表达的意思（用图例反而会使读者混淆），所以有的标准解没有④。

标准解的图例由图11-2所示的3部分组成。中间的双箭头被称为“解算符”。解算符左侧的部分是一个已存在的、需要改进的物—场模型（问题的物—场模型）。解算符右侧的部分是一个实现了所需改进的物—场模型（解决方案的物—场模型）。

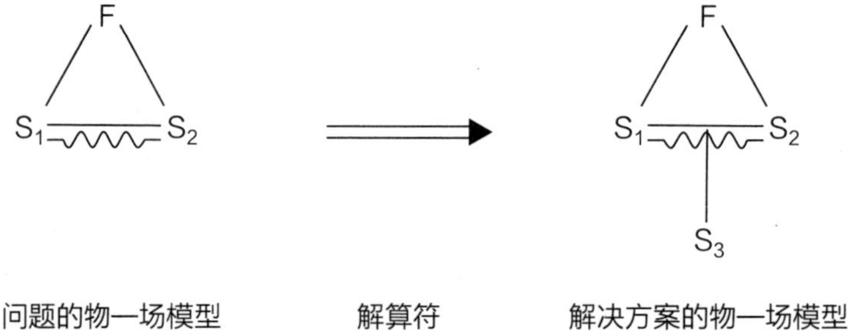

图11-2　标准解图例的组成

20世纪70年代，阿奇舒勒将发明原理与物理效应组合起来，形成了第一个“标准解系统”。后来，根据技术系统的进化趋势，该系统被不断扩展（截至1985年，标准解的数量扩展到76个），成为现在使用最为广泛、被称为“76个标准解”的标准解系统。这76个标准解被分为5类，分别应用于不同问题的物—场模型（见表11-1，76个标准解见附录A）。

表 11-1　标准解的分类

类别	名称	问题的物—场模型
第1类	建立和破坏物—场模型	• 不完整的物—场模型 • 有害物—场模型
第2类	增强物—场模型	不足的物—场模型
第3类	过渡到超系统和微观级别	不足的物—场模型
第4类	检测和测量的标准解	测量物—场模型
第5类	标准解应用的标准解	已解决问题的完整的物—场模型

鉴于有76个标准解，为了区分且容易查询它们，阿奇舒勒为每个标准解编了特定的编号，编号形式如：S 1.2.1 。

使用标准解解题的完整应用流程如图11-3所示。

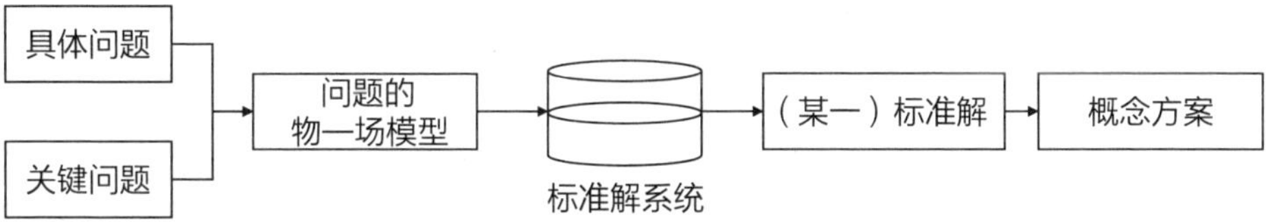

图11-3　标准解解题的应用流程

11.1　物—场模型

物—场模型也被称为物—场（Su-Field），是一种“最小技术系统”的模型。一个完整的物—场模型包含两个物质（Substance）和一个给物质提供相互作用的场（Field），表现为一个三角形，该图形由象征物质或场的端点和象征组件间相互作用的线构成（见图11-4）。任意技术系统都可以被描述为一个单一的物—场模型。

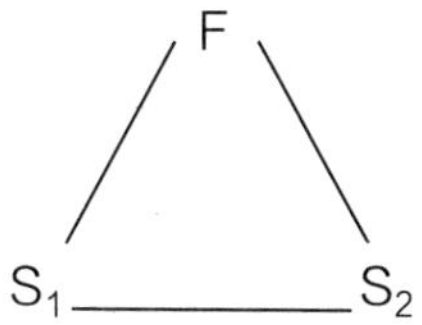

图11-4　完整的物—场模型

通常，人们认为S_1是制品（Workpiece，也被称为工作对象），S_2是工具（Tool），S_1、S_2与F之间存在相互作用（例如，作用的方向由S_2指向

S_1）。在实际情况中，不一定实际存在3种相互作用，也就是说不一定要画3条线。另外，由于没有强制标准，在某些书中，箭头是由S_1指向S_2的。为了避免读者产生疑惑，在本书中，所有的物—场模型都有3条线，而且如非必要不在物—场模型中使用箭头。请读者根据实际情况删掉不需要的线或者使用箭头，只要你自己能理解且能说明问题即可。

TRIZ中的场一般包括机械场（Mechanical）、声场（Acoustic）、热场（Thermal）、化学场（Chemical）、电场（Electrical）、磁场（Magnetic）、电磁场（Electro-Magnetic）、光场（Optical）。可以用其首字母组成的单词MATCEMO来记忆。

物—场模型共有4种，分别是：完整的物—场模型、不完整的物—场模型、有害物—场模型、不足的物—场模型，如图11-5所示。

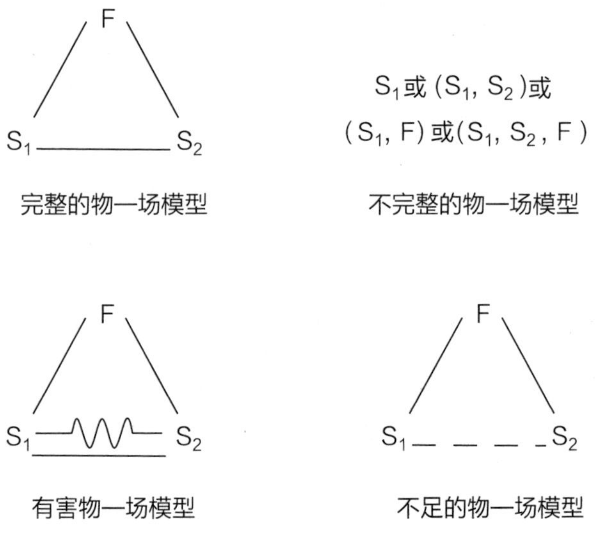

图11-5　4种物—场模型

1. 完整的物—场模型

物—场模型包含两个物质和一个场。物质与物质之间、物质与场之间存在所需的相互作用，并且由它们组成的最小技术系统可以正常工作（这是我追求的状态）。

2. 不完整的物—场模型

包括4种情况：

1）只有工作对象S_1。

案例：想要用熔融橡胶S_1制作空心球，但不知道如何将其实现。我可以将由白垩制成的球体作为模子S_2，将熔融橡胶S_1包覆在S_2上，待橡胶硫化后，球壳就制造好了。（本例可使用S 1.1.1，见图11-6。解算符左侧的是问题的物—场模型，下同）。

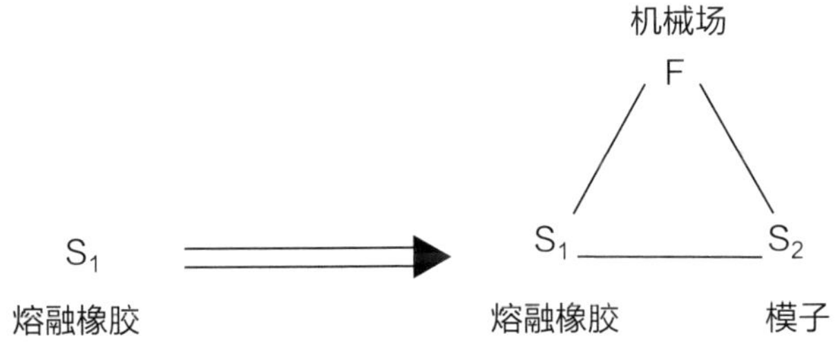

图11-6　S 1.1.1

当熔融橡胶S_1固化后，再向球内注射稀醋酸以与模子S_2发生反应，将生成的液态氧化钙放出，球就做好了（本例可以使用S 5.1.1）。

2）有工作对象S_1和工具S_2。

案例：工件S_2的表面黏附了过多的油漆S_1，不知道如何将其去除。可以通过旋转将多余的油漆甩掉（本例可使用S 1.1.6，见图11-7）。

3）只有工作对象S_1和场F。

案例：为了向钢筋S_1施加预应力，需要将其加热到700℃，但S_1只能承受400℃以内的温度。可以引入另一根能够承受700℃的钢筋S_2，通过加热S_2来用S_2的拉力拉伸S_1（本例可使用S 1.1.7，见图11-8）。

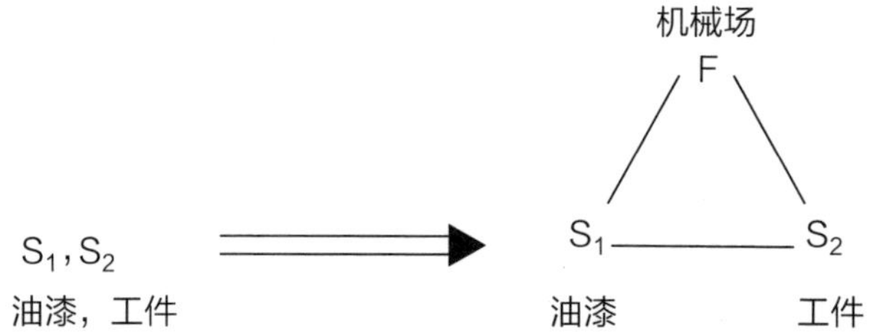

图11-7　S 1.1.6

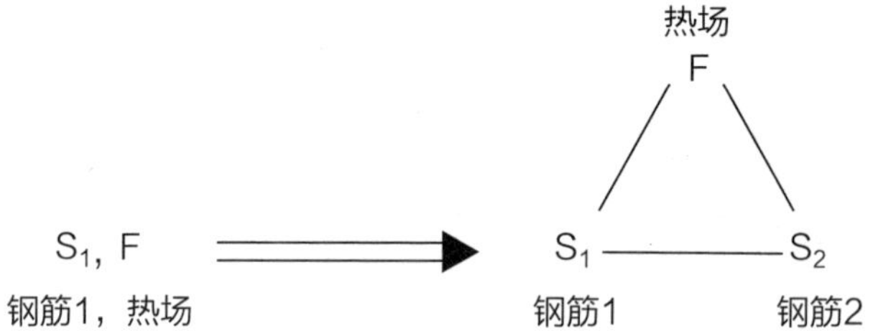

图11-8　S 1.1.7

4）有工作对象S_1、工具S_2和场F，但系统不工作。

案例：存在已泄漏的制冷剂S_1、人眼S_2、光场F，但人眼看不到制冷剂。可以在S_1中引入荧光物质S_3，构成“内部复合物—场模型”，这样人眼就可以观察到S_1了（本例可以使用S 1.1.2，见图11-9）。

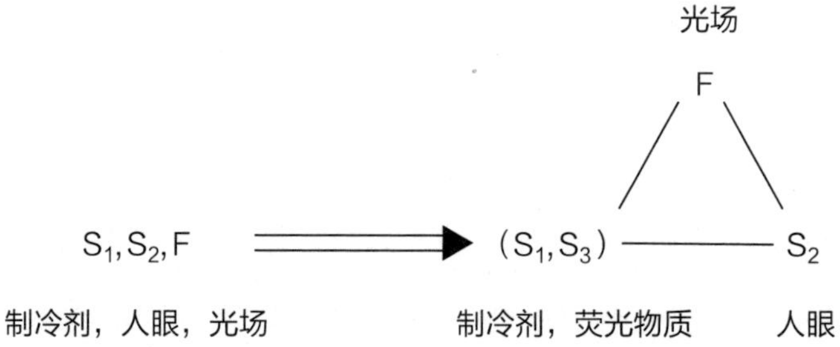

图11-9　S 1.1.2

3. 有害物—场模型

物—场模型是完整的，包含两个物质和一个场，其中既有“想要的”有用作用，又有“不想要”的有害作用。

案例：为了提高人工授粉效率，人们使用强气流（空气S_2和机械场F）将花瓣S_1吹开，但某些花瓣会因强风而闭合，阻碍授粉。可以在气流中引入电场F_2，以使花瓣相互排斥，保持“开着”的状态（本例可以使用S 1.2.4，见图11-10）。

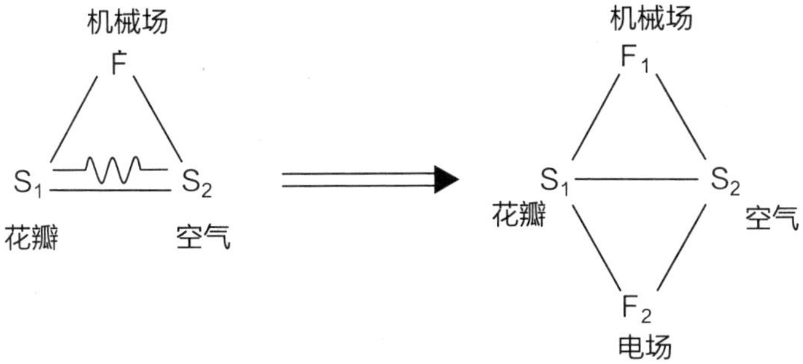

图11-10 S 1.2.4

4. 不足的物—场模型

物—场模型是完整的，包含两个物质和一个场，但其中有一个以上的相互作用是不足的。

案例：钢包S_2出口处的静水压力随着其中熔融钢水S_1的存量而发生变化，因此很难控制其向铸模内均匀地注入钢水。可以使用电磁场使钢包内的钢水旋转，令其出口处的静水压力保持不变（本例可以使用S 2.1.2，见图11-11）。

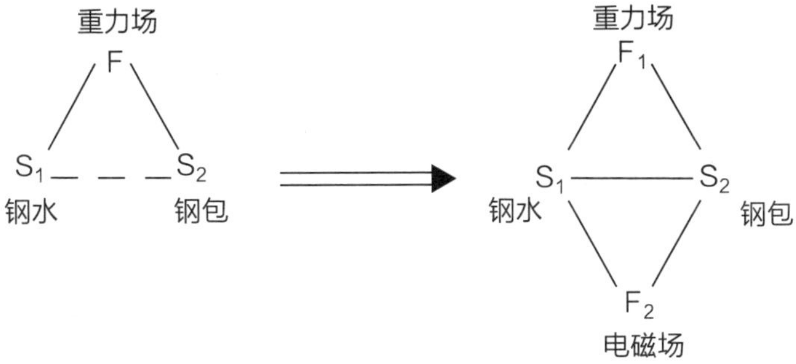

图11-11 S 2.1.2

11.2 使用标准解的解题流程

下面是我认为比较合理的、使用标准解解题的流程。

1. 根据实际情况将得到的关键问题转化为某一种“问题的物—场模型”

这些模型包括：

- 不完整的物—场模型；
- 有害物—场模型；
- 不足的物—场模型。

2. 在76个标准解中找到合适的标准解

- 在TRIZ中，使用标准解解决问题的核心无非就是引入物质或场，从而将有问题的物—场模型转化为可以完美执行功能的“完整的物—场模型”，标准解的简单分类如图11-12所示。76个标准解进一步细化了图11-12所示的引入物质、场的方法。例如，在什么情况下引入、引入什么样的场、引入到哪里、如何引入（对应When、What、Where、How）。

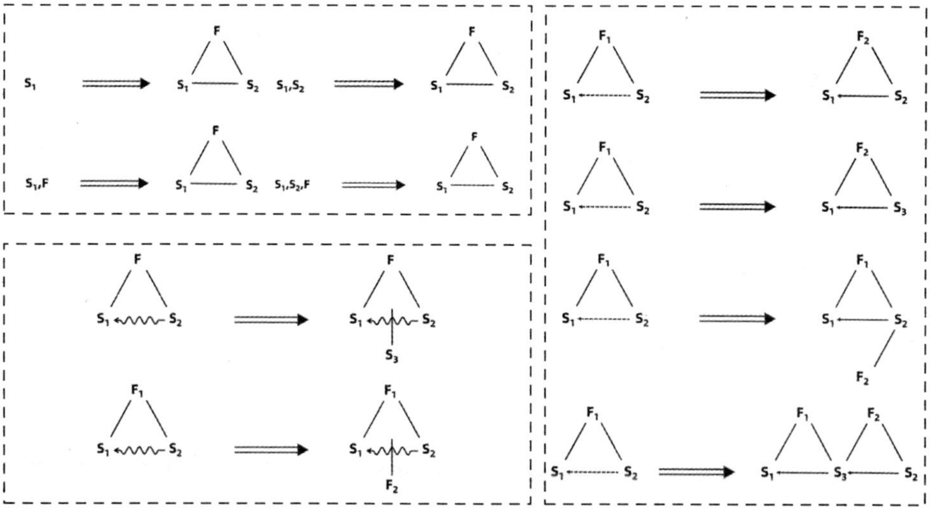

图11-12　标准解的简单分类

3. 结合实际工况，与找到的标准解进行类比，产生概念方案

11.3 案例分析

11.3.1　消除爆破后导致的墙体崩裂

在修建地下隧道时，需要使用炸药来爆破墙体。在炸药爆炸后，爆炸性气体破开了墙体，但也使墙体的其他部分出现了不想要的裂缝（见图11-13）。如何解决这一问题?

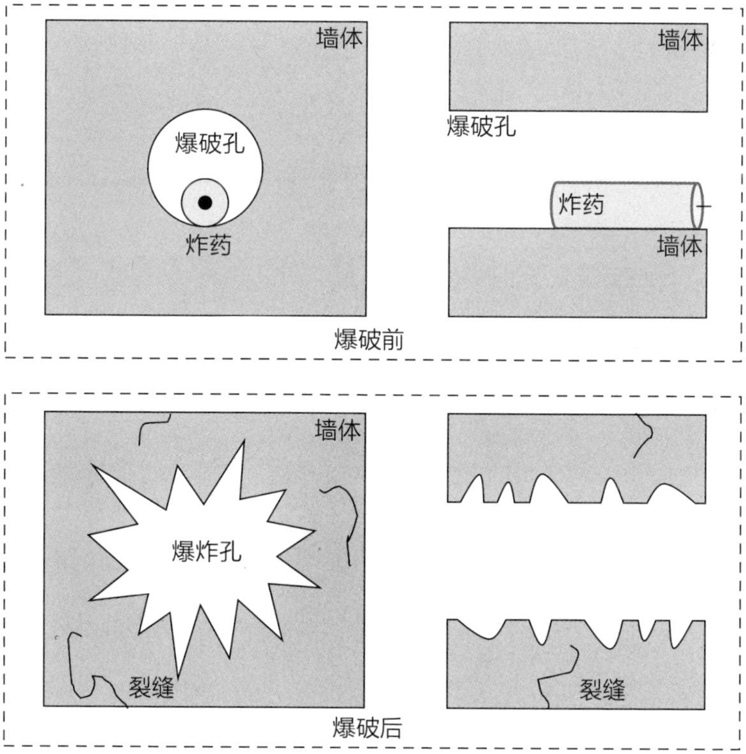

图11-13　爆破墙体的过程

在解决复杂问题时，读者需要先应用第2部分的问题分析工具来对问题进行详细的分析，在得到关键问题后，再根据情况选择使用科学效应库、

功能导向搜索或标准解来解题。完整的过程如下：

- 初始问题。远离爆破孔的墙体出现裂纹。
- 初步分析。为什么会出现这种裂纹（任意原因分析工具）？原因是爆破的能量过大、传导的距离过远，以及墙体的强度低或其固有频率刚好等于传导过来的爆破能量的频率。我需要先确定要解决的是哪个问题。是爆破能量过大？还是传导过来的爆破能量的频率问题？在确定后，就可以使用TRIZ工具对问题进行具体分析了。
- 具体问题。爆破能量过大。
- 问题分析。由于我们选择的是能量传导问题，“流分析”可能是个不错的分析工具。我可以先做一个如图11-14所示的流分配模型。

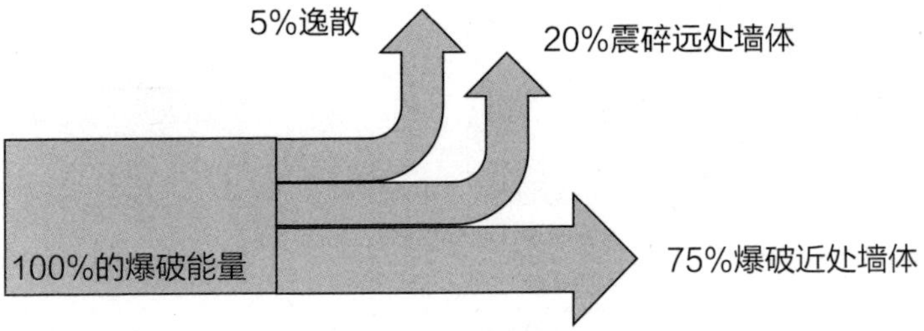

序号	流缺陷	
1	流损害了其他对象	爆破能量震碎远处墙体

图11-14　爆破能量的流分配模型[1]

接下来，需要针对其中的流缺陷做因果链分析，如图11-15所示。

明确关键问题：如何降低爆破能量？

读者会发现，上述的关键问题与具体问题相同，问题似乎回到了原点。其原因是本题的初始问题过于简单。

1　"~" 表示其后的数值是近似值。

我之所以仍然要将上述过程写下来，目的是再次提醒读者，在遇到复杂问题时一定要先进行详尽的分析。这样才可能得到比较满意的概念方案。然而，对于简单问题，直接进入解题环节也是可以的（在后文的案例中，我将省略分析过程）。

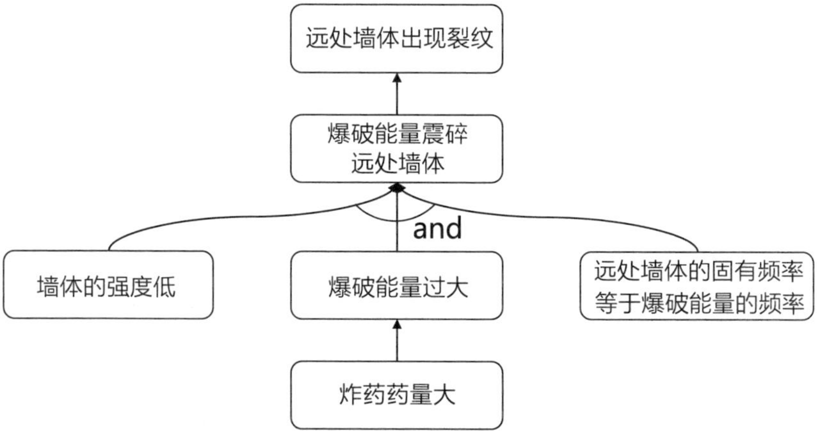

序号	关键缺陷	关键问题
1	爆破能量过大	如何降低爆破能量?

图11-15　爆破能量震碎远处墙体的因果链分析

1. 根据实际情况将得到的关键问题转化为某一种“问题的物—场模型”

在本例中，炸药可以破开近处的墙体，但也会对远处的墙体产生有害作用，所以可以确定该问题的物—场模型是“有害物—场模型”，如图11-16所示。

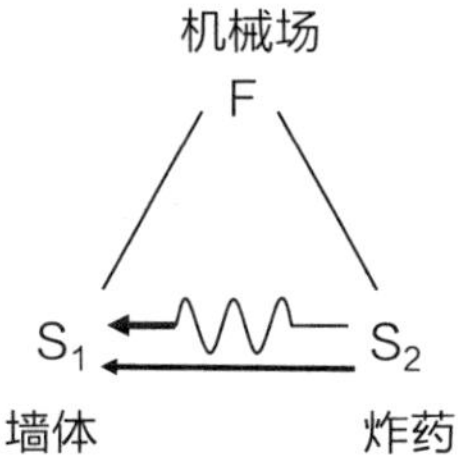

图11-16　炸药爆破墙体的“问题的物—场模型”

2. 在76个标准解中找到合适的标准解

由于问题的物—场模型是“有害物—场模型”，所以应该在 S 1.2 所对应的破坏物—场模型中寻找相应的标准解（见附录A）。

问题工况符合S 1.2.1的描述，所以我们可以选择它来作为解决问题的标准解（读者可以详细阅读S 1.2.1至S 1.2.5适用的应用场景，选择你认为更合适的标准解）。

在S 1.2.1中，通过引入S_3来消除有害相互作用。在物—场模型中，如果物质S_1和S_2之间同时存在有用和有害作用，并且不要求S_1和S_2彼此紧密相邻，则可以在S_1和S_2之间引入无成本的物质S_3，如图11-17所示。

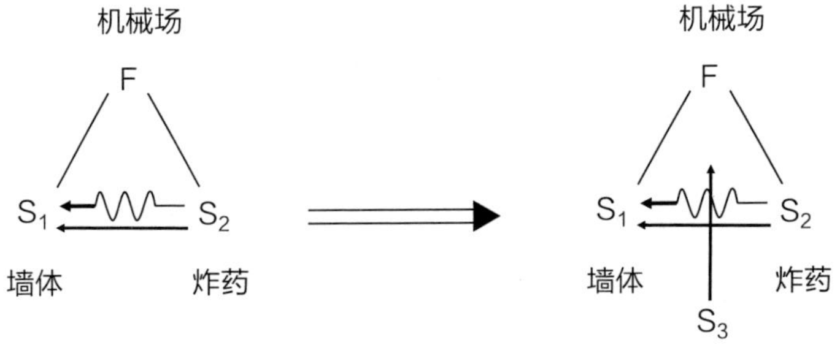

图11-17　标准解S 1.2.1的图例

3. 结合实际工况，与找到的标准解进行类比，产生概念方案

根据S 1.2.1的启示，我需要在炸药和墙体之间引入一种“无成本的物质S_3”来解决问题。所谓无成本的物质，往往指的是“随处可得的、不需要付出额外成本的物质”。此时，需要读者想一想，在地下隧道中，有哪些物质是符合上述描述的?

苏联证书937726建议，在爆破孔1内提前装入（取自隧道附近的）塑性黏土2，以将炸药4“包裹”起来，这可以使爆炸性气体的压力均匀分布，墙体就不会产生裂纹（见图11-18，本书未涉及图中的标号3和标号5）。

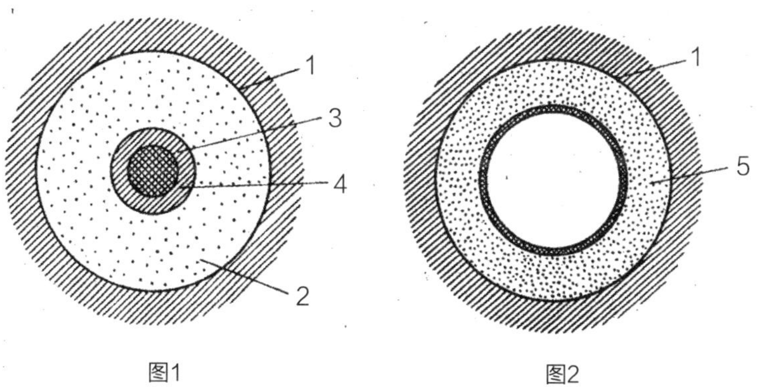

图11-18　苏联证书937726

11.3.2　摆动式称重装置

在炼油设备中有一个“摆动式称重装置”（见图11-19），它由一个称量腔体13和一个配重11构成。该装置安装在支架12上。

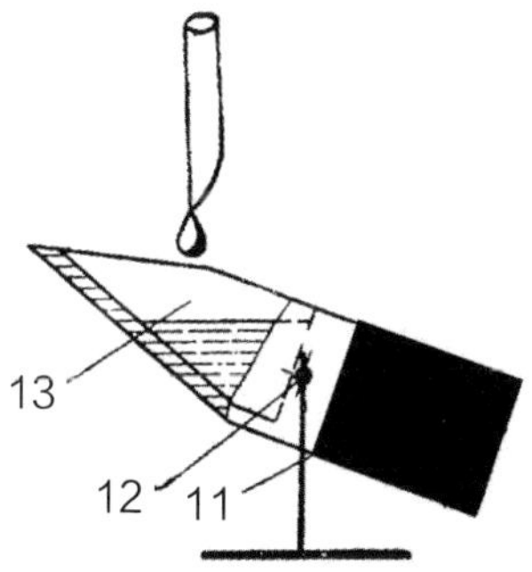

图11-19　摆动式称重装置简图

在该装置的工作过程中，上方管内的油流入称量腔体13。称量腔体13一旦被油注满就会发生倾斜，油会从称量腔体13流出。因此，只要知道称量腔体13的容积和翻转的次数，即可计算出流出的油的重量。

在实际操作中，由于称量腔体13中有大量油液残留，使该装置总是过早地回到初始位置，导致称重不准。我们应如何解决该问题?

1. 根据实际情况将得到的关键问题转化为某一种“问题的物—场模型”

根据问题描述，当前的问题是称重不准。这主要是“称量腔体13中还有油液残留，所述装置过早地回到初始位置”造成的。假如只减轻配重，又有可能使称量腔体13无法回到初始位置，所以可以将问题确定为“配重对称量腔体的功能不足”，其问题的物—场模型如图11-20所示。

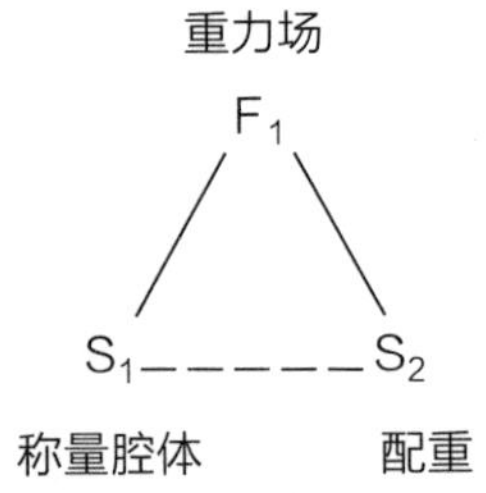

图11-20　摆动式称重装置的“问题的物—场模型”

2. 在76个标准解中找到合适的标准解

由于问题的物—场模型是“不足的物—场模型”，所以应该在第2类“增强物—场模型”和第3类“过渡到超系统和微观级别”中寻找相应的标准解（见附录A）。

本例的问题工况符合S 2.1.1的描述。

S 2.1.1 链式物—场模型可描述为：对于增强物—场模型，可以将其中的工具S_2转化为一个“独立控制的、完整的物—场模型”，构成的新的物—场模型被称为“链式物—场模型”（见图11-21）。

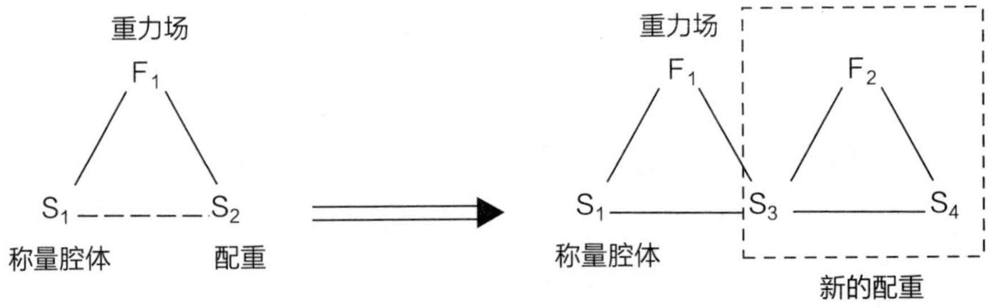

图11-21　S 2.1.1链式物—场模型

3. 结合实际工况，与找到的标准解进行类比，产生概念方案

根据S 2.1.1 的启示，我需要将原来的配重（一个金属块）替换成一个

能够独立控制的、可以完成功能的系统。这个系统大致这样运作：当称量腔体13中的液体达到所需称量的重量时称量腔体13发生倾斜，在液体倒出时新配重的一部分重量作用在称量腔体13上，辅助其倒空液体。当液体被倒空后，新配重的另一部分重量将称量腔体13拉回初始位置。其结构如图11-22所示（本书未涉及图中的标号12和标号14）。

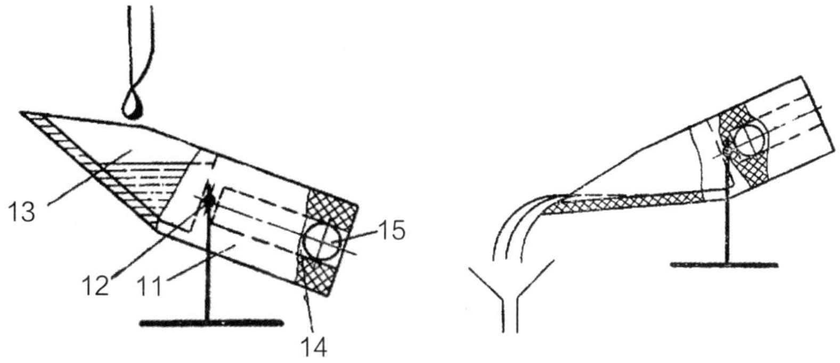

图11-22　苏联证书329441

其中，壳体11、小球15和重力共同构成了新的“独立控制的、完整的物—场模型”。

11.3.3　金属零件的热处理技术

在某金属的加工过程中，需要将金属加热到某一温度。如果使用温度计来进行测量，会使系统变得相对复杂。应如何解决该问题呢?

1. 根据实际情况将得到的关键问题转化为某一种“问题的物—场模型”

对于所述工况，“出题者”显然不希望系统变得更为复杂。系统需要完成的任务是“测量金属温度”。在TRIZ中，检测或测量等功能被描述为“告知人”，这一类型的问题被统称为“检测或测量问题”，其问题的物—场模型如图11-23所示。

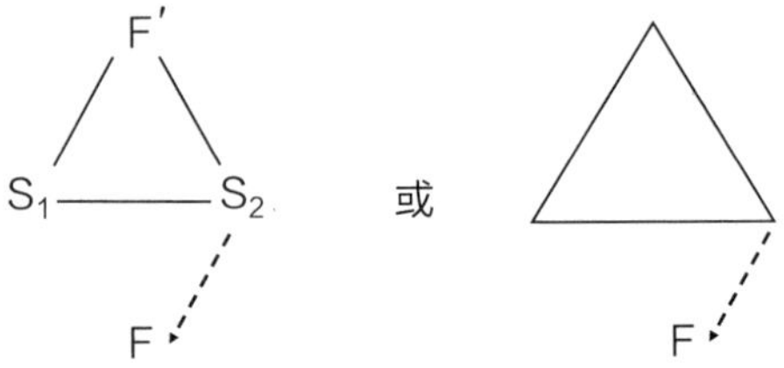

图11-23　测量物—场模型

测量物—场模型的含义是：被测物质S_1将某信息告知工具S_2，工具S_2再将该信息告知人（或某一个采集信息的设备），但工具S_2告知人的功能F不足，所以出现了问题。图11-23中的两个物—场模型的含义相同，右图的意思是，"我不关心被测物质和工具之间的关系，仅关心告知人的功能不足的问题"。

2.在76个标准解中找到合适的标准解

检测或测量问题直接在第4类"检测和测量的标准解"中寻找相应的标准解即可（见附录A）。

本例的问题工况符合S 4.1.1 的描述。

S 4.1.1 改变了系统，从而不需要检测或测量。如果存在检测或测量问题，可以通过某种方法来改变系统以解决问题，从而不需要检测或测量（本标准解没有图例）。

3.结合实际工况，与找到的标准解进行类比，得到概念方案

根据S 4.1.1的描述，需要"改变系统"以消除检测或测量的必要性。对于所述工况，"出题者"想知道金属的温度，但又不想引入温度计。那么，当金属温度升高时，哪些参数会发生变化呢？只要找到这种变化，并找到与该变化耦合的现象就可以找到解决方案。

在苏联证书505706中提到：如图11-24（本书未涉及图中的标号1至标

号3）所示，当使用感应热来处理金属零件4时，建议在零件的中空部分加入某种盐，该盐的熔化温度等于所要求的加热温度。当盐熔化时，操作人员即可得知所需的温度信息。

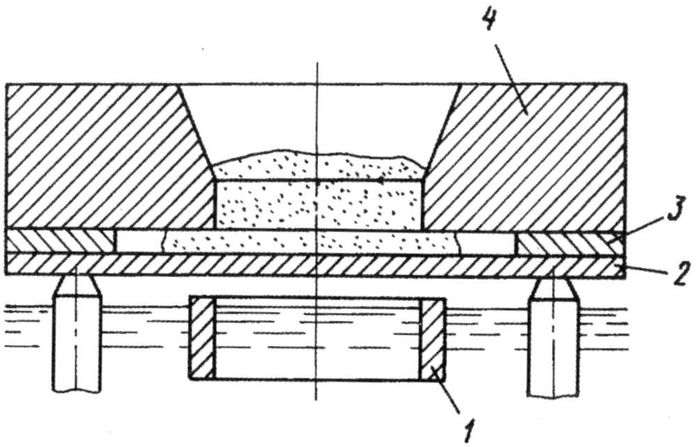

图11-24　苏联证书505706

本章小结

标准解是一个结合了发明原理、科学效应和进化趋势的综合型解题工具。在使用标准解时不需要寻找问题中的矛盾，只需要将具体问题或关键问题转化为问题的物—场模型（不完整的物—场模型、有害物—场模型、不足的物—场模型），然后在标准解系统中寻找相应的标准解即可。熟练掌握标准解对提升解题效率大有帮助。

第12章 矛盾（发明原理应用）

矛盾（Contradiction）是指，在实现某一结果的过程中，出现了两种相反需求的情况。在解决问题过程中，如果存在“出现了两种相反需求的情况”，就可以将关键问题转化为矛盾并使用发明原理应用来解决问题。

发明原理（Inventive Principle）是基于对大量专利的研究和归纳而总结出来的一种建议准则。例如，在风力发电机领域，塔筒、叶片被做成分段的，机舱被做成模块化的；在微电子领域，晶元被切分成小块的芯片；在物流领域，为了方便运输，车体、货物被设计成分段的……将这些例子中的共性手段“分割”并提取出来，就可以作为发明原理了。

发明原理是TRIZ最早开发的内容之一，于1956年第一次出现在阿奇舒勒与沙佩罗合著的文章《发明问题心理学》中。最初，发明原理的数量只有5个[11]，此后逐年增加，截至1971年，其数量定格为40个[11]。表12-1中的“40个发明原理”就是在1971年发布的（有关40个发明原理的详细解释，见附录B）。

后来，虽然不断有人尝试增加发明原理的数量，但人们发现，新归纳的发明原理与现有的40个发明原理高度重合。所以，近些年来人们把精力更多地放在将40个发明原理应用于不同的领域，如商业、软件等，而在增加发明原理的数量方面鲜有尝试。

发明原理的使用其实很简单。例如，对于分割原理，只需要假设“产生问题的对象”是可分割的，它可以被分割成两个、三个……独立的部分，被分割的各个部分还能以某种方式组合起来。通常，只要打破了惯性思维，可能就会得到很多新奇的创意。读者现在就可以思考：“如果将本书分割成两个部分，书应该变成什么样，会产生什么好处？如果将本书分割成三个部分呢，被分割的部分又应该以何种方式组合起来呢？”在解决实际问题时，如果逐个尝试将40个发明原理，效率会非常低。所以，阿奇舒勒设计了两个应用发明原理的工具——技术矛盾和物理矛盾，以提升应用发明原理的效率。

表12-1 40个发明原理

序号	发明原理	序号	发明原理	序号	发明原理	序号	发明原理
1	分割	11	预先防范	21	快速通过	31	多孔材料
2	抽取	12	等势	22	变害为利	32	改变颜色
3	局部质量	13	反向操作	23	反馈	33	均质性
4	不对称性	14	曲面化	24	中介物	34	抛弃或再生
5	合并	15	动态化	25	自服务	35	改变物理/化学状态
6	通用性	16	不足或过度作用	26	复制	36	相变
7	嵌套	17	维数变化	27	廉价替代品	37	热膨胀
8	重量补偿	18	机械振动	28	替代机械系统	38	加速氧化
9	预先反作用	19	周期性作用	29	气压或液压结构	39	惰性环境
10	预先作用	20	连续的有用作用	30	柔性壳体或薄膜	40	复合材料

12.1 技术矛盾

在解决发明问题的过程中，当我们试图改善技术系统的某个参数时，同一系统中的另一个参数发生了不可接受的恶化，这种情况就是技术矛盾（Technical Contradiction）。

读者可以在“引用式书写方法[1]”的专利文献中很轻易地找到一个或若干技术矛盾。

1 引用式书写方法指的是，专利文献的背景技术中引用了一个（或若干）解决所述问题的现有技术的手段，但被引的现有技术的手段又导致了新的问题。

如专利CN109209783A所述：名为“风力叶片损伤同步检测装置”的中国专利申请CN201810106452.6公开了一种自带红外设备的叶片损伤检测设备，它可以较为细致地从叶根到叶尖进行检测。但该技术并不能及时反馈叶片的损伤，仍属于定期或非定期的人为被动检测，并且在检测时需要较长的停机时间。同时，检测的动作无法与风机运行同步进行，导致发电量受到损失[13]。

在上述专利中，我们很容易提取这样的描述：为了细致地从叶根到叶尖进行检测，风机需要较长的停机时间，这使风机的发电量受到了损失。读者可以在学习完本节后将该描述转化为技术矛盾。

12.1.1 技术矛盾的描述

我们看如下案例。为了使飞机在巡航时阻力最小且性能最优，需要增加机翼与引擎之间的上拉杆的长度，让机翼远离引擎（见图12-1）。

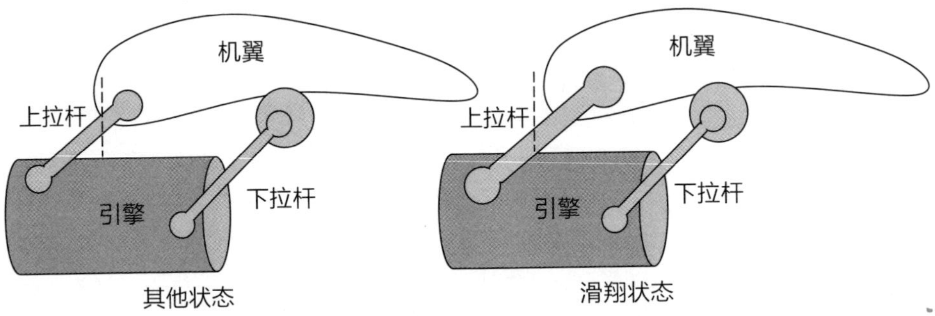

图12-1 飞机机翼的不同状态

上拉杆所受的机械应力随着其长度的增加而增加，由于当前上拉杆的强度无法满足需求，工程师提议将上拉杆加粗（增加杆的直径），但加粗后上拉杆的重量也增加了。

在上述案例中，问题解决者通过增加上拉杆的直径改善了上拉杆的强度，但导致了其重量增加，这种情况符合技术矛盾的定义：改善一个参数的同时，同一技术系统的另一个参数发生了不可接受的恶化。可以将其描述为“如果……那么……但是……”的形式。

技术矛盾1：如果增加上拉杆的直径，那么上拉杆的强度就增加了，但是其重量也增加了。

如果上述描述符合逻辑，则可以将其“反过来”再描述一遍。

技术矛盾2：如果减小上拉杆的直径，那么上拉杆的重量就减轻了，但是上拉杆的强度也降低了。

如果第2种描述也符合逻辑，就可以确定：第1种描述可能是一个正确的技术矛盾。

在进行后续步骤前，我先解释一下这么做的原因：

原因1。“如果……那么……但是……”是描述技术矛盾的标准格式；

原因2。在技术矛盾1中，“那么……”是我要改善的参数，也是我的目的。“如果……”是我在改善参数时使用的手段；“但是……”是在改善参数后导致的不想要的结果。书写的顺序是“那么，如果，但是”。

原因3。技术矛盾2是将技术矛盾1“反过来”描述得到的结果，用于验证技术矛盾1的正确性，也用于找到新的解题方向。书写技术矛盾2的顺序是“如果，那么，但是”。

原因4。类似“如果增加汽车的速度，那么安全性降低”的描述不是技术矛盾。因为，其中有太多的非技术因素，“安全性降低”在更大程度上是其他交通参与者造成的，这不是“技术问题”。

原因5。类似“如果提高检测装置的精度，那么检测精度就提高了，但是其成本也提高了”的描述，似乎符合“反过来”描述的逻辑

（如果降低检测装置的精度，那么其成本就降低了，但是检测精度也降低了）。但这个描述不属于技术矛盾，其中不存在任何矛盾。

当使用“如果……那么……但是……”描述技术矛盾后，将“那么……”中改善的参数和“但是……”中恶化的参数提取出来。例如，在上拉杆的案例中，改善的参数是强度，恶化的参数是重量。

读者可能会产生疑问：既然技术矛盾有两个，我是否可以提取技术矛盾2中的“那么……”和“但是……”呢?

从两个技术矛盾的描述中不难发现：它们的目的完全不同，一个是增加强度，一个是减轻重量。具体提取哪个技术矛盾中的参数，取决于使用者的目的。在上拉杆的案例中，技术矛盾1的目的是“增加强度”，与现有问题关联度高，解决它可以解决现有问题；技术矛盾2的目的是“减轻重量”，使用者最开始不一定会朝这个方向想，该矛盾可以打开全新的思路，解决它可能也可以得到高水平的方案，但解决的问题就不再是“增加强度”了。

12.1.2 矛盾矩阵

在上拉杆的案例中，我得到了改善和恶化的参数。如果我能找到一个类似的问题和解决方案，并且该问题的改善和恶化参数与我得到的参数相同，是不是就可以用该解决方案来解决我的问题呢?（这个逻辑与科学效应库、FOS、标准解其实是一样的，只不过各工具的输入和解决方案库不同。）

矛盾矩阵就是阿奇舒勒为解决上述问题所开发出的工具。矛盾矩阵（Contradiction Matrix）是一种用于检索“解决给定类型技术矛盾的、最常用发明原理”的矩阵（见表12-2）。

在该表中，第一行和第一列中加粗的数字，表示通用工程参数（见第12.1.3节）的序号，其中纵向是改善的方向，横向是恶化的方向。其他单元格的说明如下：

表 12-2　矛盾矩阵（部分）

恶化→ 改善↓	**1**	**2**	**3**	**……**	**37**	**38**	**39**
1			15,8,29,34	……	28,29,26,32	26,35,18,19	35,3,24,37
2				……	25,28,17,15	2,26,35	1,28,15,35
3	8,15,29,34			……	35,1,26,24	17,24,26,16	14,4,28,29
……	……	……	……		……	……	……
37	27,26,28,13	6,13,28,1	16,17,26,24	……		34,21	35,18
38	28,26,18,35	28,26,35,10	14,13,17,28	……	34,27,25		5,12,35,26
39	35,26,24,37	28,27,15,3	18,4,28,38	……	35,18,27,2	5,12,35,26	

- 单元格中的数字代表发明原理的序号，序号越靠前表示解决该技术矛盾的发明原理的推荐度越高（推荐度越高意味着它曾用于解决所述技术矛盾的次数越多。由于单元格空间有限，所以只列了几个使用频率高的。对于其他也可以解决该矛盾的发明原理，由于采样时的样本量较小，没有列出）。
- 空白单元格表示，40个发明原理都可以用于解决该技术矛盾且机会均等。在遇到这种情况时，使用者需要逐个尝试40个发明原理。

○ 沿左上到右下（深色背景色）的空白单元格表示，改善和恶化的参数是同一个，这不是技术矛盾，不推荐用矛盾矩阵解决该类问题（有其他的解决工具）。

矛盾矩阵诞生于1964年[14]，经历了数个版本的迭代。目前，广为流传的有两个版本：一个是发布于1971年[14]的“阿奇舒勒矛盾矩阵”，顾名思义，该矩阵是由阿奇舒勒主导并发布的，其传播更为广泛，也是各大TRIZ组织更推荐的。另一个是发布于2003年的“Matrix 2003”，是由英国TRIZ专家达雷尔·曼恩（Darrell Mann）和其他专家一同整理并发布的，Matrix 2003采样的专利样本数量更多，通用工程参数更多（48个），并且每个单元格中推荐的发明原理数量也更多。该矩阵也有一定的受众（此外，曼恩还发布过Matrix 2010）。具体使用哪个版本的矛盾矩阵取决于读者的喜好，据一位电子领域的朋友说，Matrix 2003在电子领域效果拔群。如果有可能的话，读者也可以尝试编撰自己行业的矛盾矩阵，在解决行业内的问题时，效率会提高很多。

12.1.3 通用工程参数

通用工程参数（Typical Technical Parameter）是一种“将具体技术参数归一化后”得到的参数。例如，可以将重力、阻力等系统间的相互作用归一化为“力”。

表12-3中仅列出了用于阿奇舒勒矩阵的39个通用工程参数。48个参数的版本仅增加了参数的数量，不在本书的讨论范围内（有关39个通用工程参数的详细解释，见附录C）。

使用技术矛盾解题的下一步是，将已经从技术矛盾中提取出来的参数（如改善的参数——强度、恶化的参数——重量）转换为通用工程参数。

在转换过程中，有时，由于使用了“非工程语言”来描述技术矛盾，使得提取出来的参数与表12-3所示的通用工程参数对应不上，或者无法产生一一对应的关系。此时，就需要读者花些时间来理解通用工程参数的含义或调整技术矛盾中的描述了。

表 12-3 39 个通用工程参数

序号	通用工程参数	序号	通用工程参数	序号	通用工程参数	序号	通用工程参数
1	运动物体的重量	11	应力或压强	21	功率	31	物体产生的有害因素
2	静止物体的重量	12	形状	22	能量损失	32	易于制造
3	运动物体的长度	13	物体构成要素的稳定性	23	物质损失	33	易于操作
4	静止物体的长度	14	强度	24	信息损失	34	易于维修
5	运动物体的面积	15	运动物体作用的时间	25	时间损失	35	适应性或多用性
6	静止物体的面积	16	静止物体作用的时间	26	物质的（数）量	36	设备复杂性
7	运动物体的体积	17	温度	27	可靠性	37	检测或测量的难度
8	静止物体的体积	18	照度	28	测量精度	38	自动化程度
9	速度	19	运动物体使用的能量	29	制造精度	39	生产率
10	力	20	静止物体使用的能量	30	外界作用在物体上的有害因素		

12.1.4 解决技术矛盾

在上拉杆案例中，改善参数为14——强度，恶化参数为1——运动物体的重量。下一步，就可以查询矛盾矩阵了（读者可在我的公众号“晶品TRIZ”中下载阿奇舒勒矩阵）。在查询过程中，应注意方向：改善的参数沿纵轴找，恶化的参数沿横轴找。

如表12-4所示，可以找到4个发明原理：1,8,40,15。

接下来，就可以根据这几个发明原理来构思概念方案了。

- 1（分割）：将原上拉杆分割为两根或多根细一些的、但总重量小于原上拉杆的新上拉杆；

- 8（重量补偿）：使用粗一些的上拉杆，同时通过改变飞机翼型来产生更大的升力，以补偿粗杆增加的重量。
- 40（复合材料）：使用某种新材料来制造上拉杆，使其在粗细不变的情况下也能承受所需的力，或者即便加粗也不会增加重量。

表 12-4　矛盾矩阵（部分）

恶化→ 改善↓	1	2	3	……	37	38	39
……	……	……	……	……	……	……	……
13	21,35,2,39	26,39,1,40	13,15,1,28	……	35,22,39,23	1,8,35	23,35,40,3
14	1,8,40,15	40,26,27,1	1,15,8,35	……	27,3,15,40	15	29,35,10,14
15	19,5,34,31		2,19,9	……	19,29,39,35	6,10	35,17,14,19
……	……	……	……	……	……	……	……
38	28,26,18,35	28,26,35,10	14,13,17,28	……	34,27,25		5,12,35,26
39	35,26,24,37	28,27,15,3	18,4,28,38	……	35,18,27,2	5,12,35,26	

- 15（动态化）：我还没有想到好的解决方案（请注意，并不一定可以根据每个发明原理想到解决方案，当然，这也是一个产生突破性解决方案的机会。读者可以自行决定是否需要在这一步消耗时间）。

如果读者有足够多的时间，可以尝试使用其他未在矛盾矩阵中列出的发明原理。

美国专利US 6095456建议，使用两根更细的上拉杆225和230（见

图12-2）。双上拉杆的设计相当于增加了上拉杆的直径，满足了强度要求，但没有增加重量，满足了设计要求。

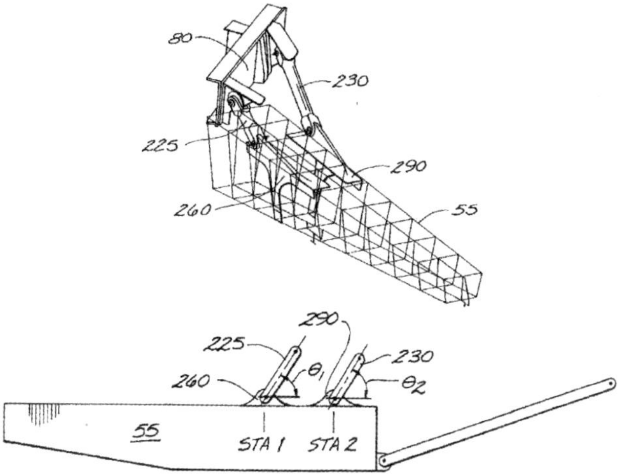

图12-2　US 6095456

12.1.5　应用技术矛盾解题的流程

技术矛盾是快速应用发明原理的工具之一，但其应用流程较长（见图12-3）。

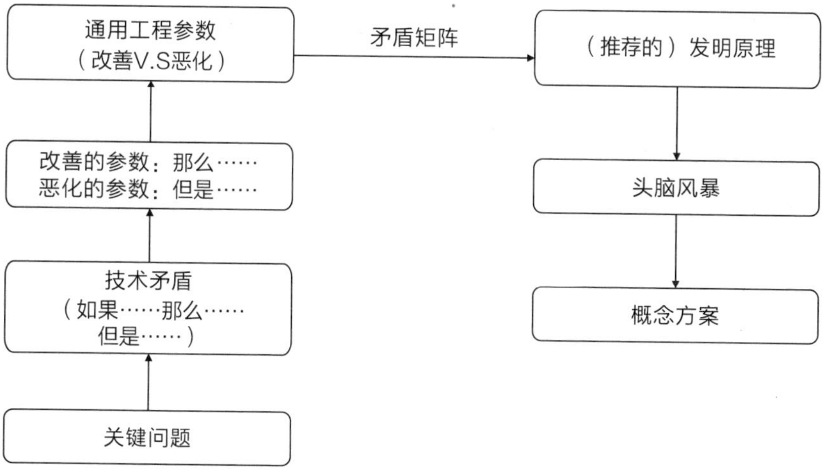

图12-3　应用技术矛盾解题的流程

使用者需要：

1. 得到正确的技术矛盾。

2. 将技术矛盾中的改善参数和恶化参数转化为通用工程参数。在转化过程中，可能因为各种因素无法得到合适的通用工程参数，或者得到多组通用工程参数。

3. 矛盾矩阵虽然精练，但仍然是试错法的一个变种[14]。

4. 在得到发明原理后，需要通过构思才能得到概念方案。

上面的任何一步一旦出现问题，都会导致无法得到有效的概念方案。所以，我认为，技术矛盾最大的价值在于，能够让使用者用一种特定的方式将关键问题描述出来，并时刻提醒使用者要想得到好处“那么……”所执行的操作“如果……”会产生危害“但是……”这就需要使用者花更多的时间来考虑更好的、不妥协的解决方案。

但由于“无法得到合适的通用工程参数”和“矛盾矩阵仍然是试错法的变种”等缺陷，使用技术矛盾来解决实际问题的效果不佳。为了绕过这种不确定性，我建议将技术矛盾转化为物理矛盾，然后解决物理矛盾，以达到解题的目的。

12.2 物理矛盾

物理矛盾（Physical Contradiction）是指，系统中某个对象的某个属性（或参数）必须具有两个不同的值，以满足某些合理需求的情况。

12.2.1 物理矛盾的描述

在前述案例中，上拉杆的直径必须增加，因为需要强度更高的杆。但是，上拉杆的直径又必须减小，因为需要更轻的杆。在该描述中：飞机（系统）上拉杆（对象）的直径（参数）必须有两个不同的值（大和小），直径大对应的需求是强度高，直径小对应的需求是重量轻，两个需求都合理，这就是一个物理矛盾。

物理矛盾还可以用另一种相似的形式来描述：为了得到高强度的杆，上拉杆的直径必须大；但是，为了得到重量轻的杆，上拉杆的直径必须小。具体使用哪种形式取决于问题本身和使用者的语言习惯，两种形式其实并无二致。

12.2.2　技术矛盾与物理矛盾的转化

想必，读者已经看出来了，技术矛盾和物理矛盾是可以相互转化的，其转化方式如图12-4所示。

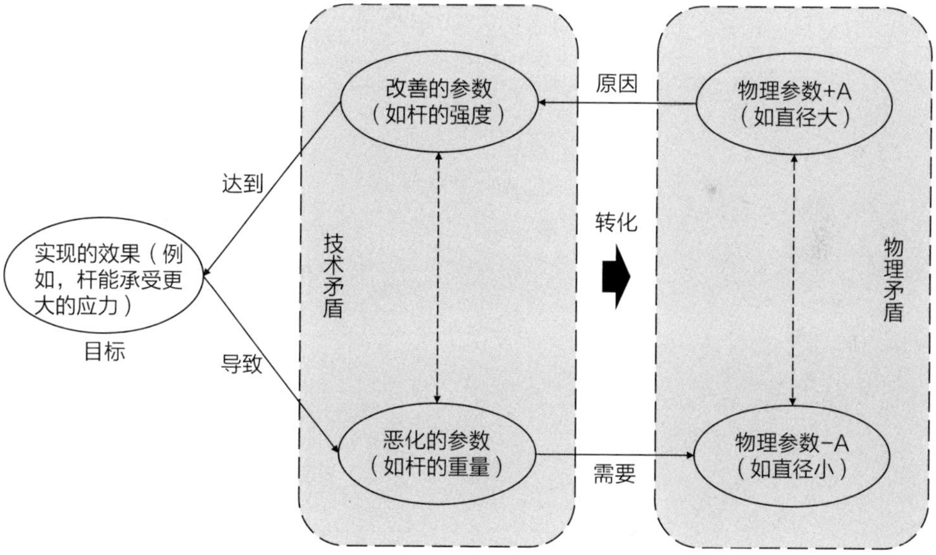

图12-4　技术矛盾和物理矛盾的转化方式

物理矛盾是导致关键问题的根本原因之一。将技术矛盾转化为物理矛盾可更聚焦问题，还可简化问题的解决流程，所以我建议读者在被技术矛盾“卡住”时，考虑用解决物理矛盾的方法来解决问题。

12.2.3 解决物理矛盾的方法

12.2.3.1 分离矛盾需求

分离矛盾需求（Separating Contradictory Demands）是通过“解耦（或分离）矛盾需求”来解决发明问题的方法。

分离的手段包括：空间分离、时间分离、关系分离、系统级别分离、方向分离。

1. 空间分离。在同一对象的不同区域实现矛盾需求。

空间分离的使用技巧：询问在空间的哪个部分需要满足需求1，在哪个部分需要满足需求2。

案例分析。为了去除矿山坑道里的粉尘，矿业公司在矿洞里安装了喷嘴。喷嘴喷出的小水珠可以压住粉尘。水珠越小则除尘效果越好，但小水珠很容易在坑道中形成水雾，会遮挡矿工视线。

物理矛盾。为了提高除尘效果，水珠必须小；但是，为了避免在坑道中形成水雾，水珠必须大。

加入关键词（在哪）。为了提高除尘效果，在与粉尘接触的区域，水珠必须小；但是，为了避免在坑道中形成水雾，在水雾扩散的区域，水珠必须大（见图12-5）。

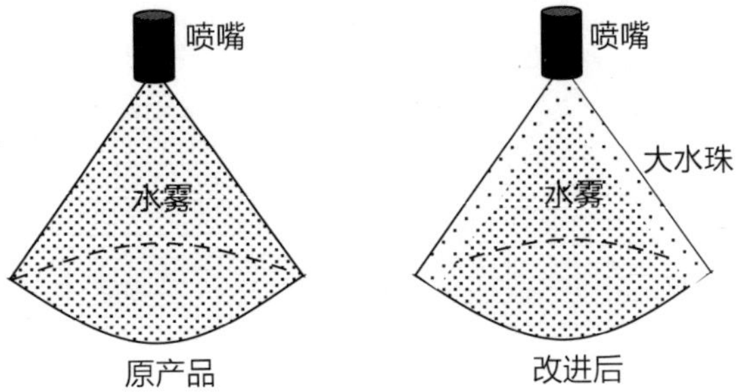

图12-5 喷嘴改进示意图

2. 时间分离。在同一对象的不同时间实现矛盾需求。

案例分析。飞机之所以能飞上天，是因为在整个飞行过程中飞机获得的升力大于自身的重力。已知飞机的升力来自机翼，升力的大小与机翼面积成正比。为了获得更大的升力，最直接的方法是增大机翼的面积。但它的缺点是，在巡航过程中，飞机受到的阻力增大了。

物理矛盾。为了增大升力，机翼的面积要大。但是，为了减小阻力，机翼的面积要小。

加入关键词（在何时）。为了增大升力，在起飞时，机翼的面积要大。但是，为了减小阻力，在巡航的时候，机翼的面积要小。

在你下一次乘飞机时，不妨观察一下机翼在起飞和巡航时的不同状态。

3. 关系分离。在不同对象上实现矛盾需求。

案例分析。夏天，在位于阳面的房间内，阳光入射量大，可以满足采光需求，但室内温度也会较高。

物理矛盾。为了满足室内采光需求，阳光入射量要大。但是，为了阻止室内温度上升，阳光的入射量要小。

加入关键词（对谁）。为了满足室内采光需求，阳光中的可见光入射量要大。但是，为了阻止室内温度上升，阳光中的红外线入射量要小。

如图12-6所示，可在玻璃的一侧贴上反光膜，该反光膜可以反射85%的红外线和99%的紫外线，但不会反射可见光。

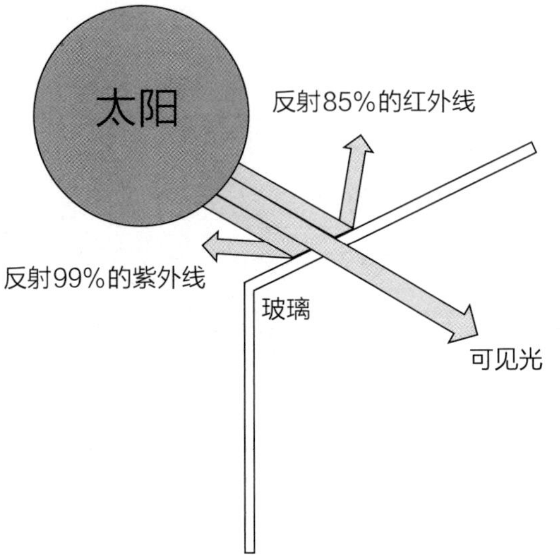

图12-6　反射紫外线和红外线的玻璃

4. 系统级别分离。在不同的系统级别上（一个在系统级别，另一个在子系统或超系统级别）实现矛盾需求。

案例分析。一条传送带被安装在矿区的两座建筑物之间。一种很碎的矿石由传送带从一处运往另一处，最终被送到窑里。工人们对工程师抱怨："因为矿石像粉末，有一点小风就能把矿石从传送带上吹走。我们该怎么办？"工程师回复："我们给这些矿石粉末加了水，但没有太大作用，因为水蒸发得很快。而且，多加水也不太好。也许，我们可以给传送带加上盖子。但这样你们就要多做一些工作——打开和关闭传送带的盖子[15]。"

物理矛盾。为了防止矿粉被风吹走，盖子应该存在。但是，为了简化系统，盖子不应该存在[1]。

加入关键词（在哪个系统级别）。为了防止矿粉被吹走，在子系统级别，盖子应该存在。但是，为了简化系统，在系统级别，盖子不应该存在。

1　在遇到"存在/不存在"这种物理矛盾时，系统级别分离往往可以产生很好的解决方案。

如图12-7所示，建议在矿粉上方喷洒一层泡沫（或重油），泡沫在进入窑前不会蒸发。

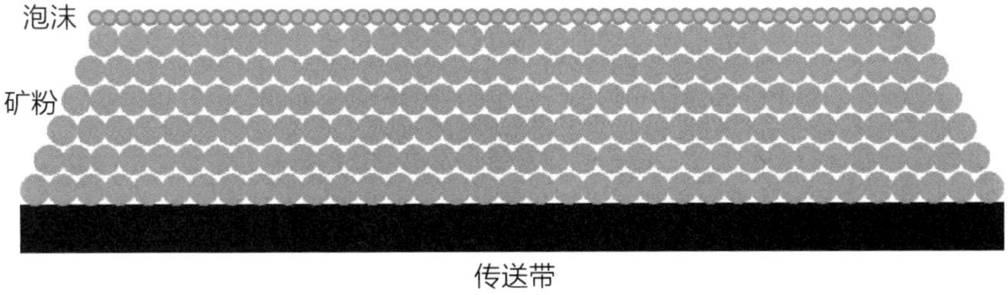

图12-7　防止矿粉被风吹走的方法

5. 方向分离。在同一对象的不同方向上实现矛盾需求。

案例分析。在使用渔网捕鱼时，渔网的开口越大能够进来的鱼就越多，但能够逃出去的鱼也越多。

物理矛盾。为了使鱼进入渔网，渔网的开口要大。但是，为了阻止鱼逃出渔网，渔网的开口要小。

加入关键词（在哪个方向）。为了使鱼进入渔网，在鱼进入的方向，渔网的开口要大。为了阻止鱼逃出渔网，在鱼逃出的方向，渔网的开口要小（见图12-8）。

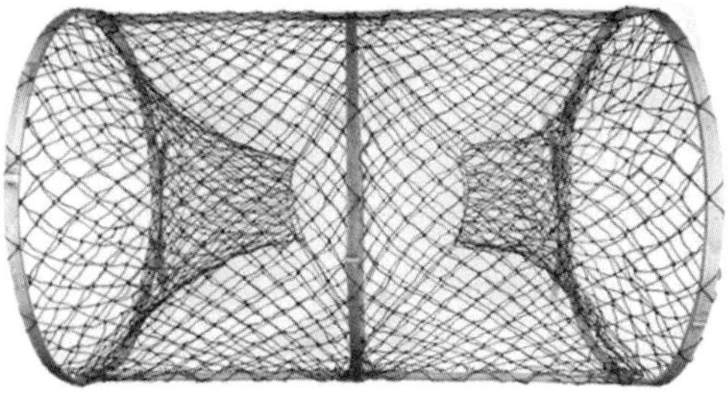

图12-8　渔网示意图

上述的5种分离方法并不相互冲突，在解决物理矛盾时，至少可以使用上述的1种方法。具体要使用几种分离方法，取决于问题本身。

12.2.3.2 满足矛盾需求

满足矛盾需求是，当无法分离矛盾的需求时，通过同时、同地实现两种需求来解决发明问题的方法。

案例分析。船蛆（Teredo）生活在木头里，必须在它们还在木头里时才能观察到其活动。但木头是不透明的，因此观察目的无法实现[16]。

物理矛盾。船蛆活动的环境必须是木头（不透明），这样它们才能存活。但是，船蛆活动的环境必须是透明的，这样其活动才能被观察到。

解决方案。要观察船蛆的活动，需要同时满足“存活及可观察”的条件。科学家们找到了一种与木材性质相近的、被称为塞洛芬（Cellophane）的透明物质，船蛆会以为该物质是木头并钻进去，这样就可以从外侧观察其活动了。

12.2.3.3 绕过

当无法通过“分离”或“满足”来解决物理矛盾时，可以通过改变工作原理来“绕过”问题。这个过程其实没有解决物理矛盾，物理矛盾依然存在，但新的方法使人们不再关心该矛盾了。例如，通过“搭桥”治疗心脏病，原来有问题的部分其实仍然存在，不过由于“桥”绕过了问题部分，人们不再关心堵塞问题了。

案例分析。速溶咖啡包装袋的孔越大，水进入袋中的速度就越快，咖啡粒溶解得也就越快，但孔太大会使咖啡粒流出[16]。

物理矛盾。为了加速咖啡粒溶解，包装袋的孔要大。但是，为了阻挡咖啡粒，包装袋的孔要小。

解决方案。使用可食用胶水将咖啡粒粘在可食用纸上，然后将该纸放入水中，得到快速溶解咖啡粒的方案。此时，不需要再考虑孔的大小问题。

12.2.4 应用物理矛盾解题的建议

如前所述，技术矛盾和物理矛盾是阿奇舒勒开发出来的用于提升应用发明原理效率的工具。在第12.2.3节，我并没有提及发明原理，这是为什么呢?

如果读者看过一些其他TRIZ书籍或接受过TRIZ培训，会发现，不同的作者或组织推荐的用于分离、满足或绕过矛盾需求的发明原理是不一样的。原因有很多，可能是这些作者使用的样本不同，可能是他们的喜好不同，也可能是其他原因。

我没有为分离、满足或绕过推荐发明原理，是为了避免使读者陷入另一种“试错”。如果读者写的物理矛盾是正确的，只要使用合适的关键词（在哪、在何时、对谁、在哪个系统级别、在哪个方向），就很容易解决问题。所以，我建议读者尽量把时间花在构建正确的物理矛盾上。

12.2.5 克隆问题

克隆问题（Clone Problem）是具有相同或相似物理矛盾的不同发明问题。

如果待解决问题与已解决问题的物理矛盾相同或相似，则它们的解决方案也可能相同或相似。使用克隆问题解题的前提是：有一个克隆问题库，即一个包含已解决问题的“物理矛盾和解决方案数据库”。

今后，在遇到新问题时，应先构建该问题的物理矛盾，再从克隆问题库中寻找与构建的物理矛盾相同的问题，然后找到该问题的解决方案，最后将该解决方案应用于新问题并解决它。

目前，还没有公开的克隆问题库。建议读者在今后解题时建立自己的克隆问题库。

12.3 案例分析

12.3.1 飞机导流叶片除冰

飞机的导流叶片安装在进气口处，当飞机在寒冷、潮湿的条件下飞行时，导流叶片的表面可能结冰（见图12-9）。

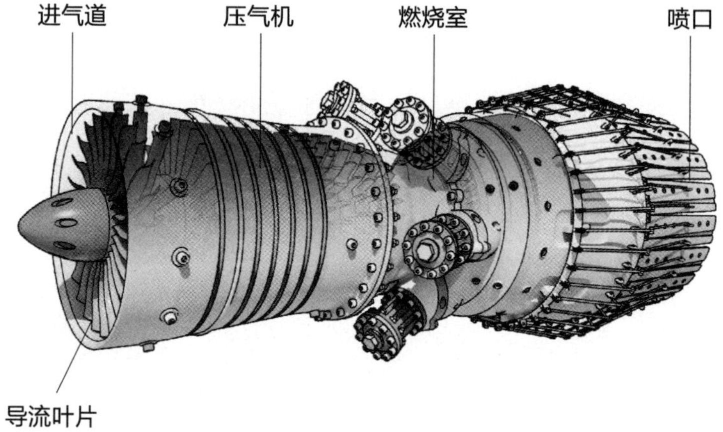

图12-9 飞机发动机示意图（来源：Pixabay网站）

一旦导流叶片结冰，逐渐增厚的冰层会减小导流叶片与引擎壁的间隙，导致发动机的进气量降低。当前的解决方案是，使用管道将压气机后的热空气引至导流叶片内部，以升高导流叶片的温度，防止其结冰。但是，很难预测高空的温度和湿度，温度降低或湿度增大都会加快结冰的速度。为了防止结冰，必须增大压气机的功率以提高热空气的流量，这将导致能耗增大。

- 技术矛盾1。如果增大压气机的功率，那么热空气的流量提高，但是能耗增大。
- 技术矛盾2。如果减小压气机的功率，那么能耗减小，但是热空气的流量降低。

将技术矛盾1的“那么……”和“但是……”中的参数提取出来，可得到改善参数——热空气的流量和恶化参数——能耗。

将上述参数转换为通用工程参数，可得到改善参数26——物质的（数）量和恶化参数22——能量损失。

查询矛盾矩阵，可得到发明原理7——嵌套、发明原理18——机械振动、发明原理25——自服务。

解决方案。美国专利US 5029440建议，在导流叶片内侧安装一个多孔的薄层18（见图12-10），其孔径根据所需的振动频率定制，当压气机送来的热空气流过多孔薄层时，热空气可带动导流叶片振动以实现除冰，从而减少能耗（本案例使用了发明原理18——机械振动）。

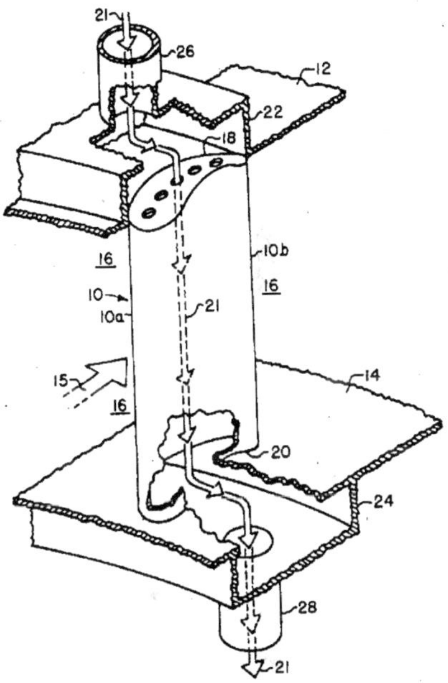

图12-10　US 5029440

12.3.2　流态化运输

在使用管道运煤时，需要将煤破碎成0.1~1mm的颗粒，然后将其与水混合以产生悬浮液，再将悬浮液泵送至目的地。如果颗粒过小会使悬浮液的黏性增大，泵送阻力增大。工程师尝试泵送大颗粒煤粉，但煤粉会沉积到管道底部，导致运输效率降低。要如何解决这个问题呢?

- 技术矛盾1。如果煤粉颗粒大，那么泵送阻力小，但是煤粉重量大。
- 技术矛盾2。如果煤粉颗粒小，那么煤粉的重量小，但是泵送阻力大。

将技术矛盾1的“那么……”和“但是……”中的参数提取出来，可得到改善参数——阻力和恶化参数——重量。

将上述参数转化为通用工程参数，可得到改善参数10——力和恶化参数1——运动物体的重量。

查询矛盾矩阵，可得到发明原理8——重量补偿、发明原理1——分割、发明原理37——热膨胀、发明原理18——机械振动。

解决方案。美国专利US 4685840建议，使用水的盐溶液（如氯化钙溶液）作为聚合物润滑剂（溶液密度约为1.3g/cm³，接近煤的密度1.33g/cm³），以形成新的悬浮液，从而更方便地运煤（本案例使用了发明原理8——重量补偿）。

12.3.3 优化减振材料

为了使技术系统免受振动损害，一般会在技术系统与振动表面间加一层减振材料，该材料可以吸收来自振动表面的能量并将其转化为热能。在试验过程中，研究人员发现：减振材料的塑性越高，其减振效果越好。但塑性高的材料在机械稳定性和导热性方面都不好，导致其在振动作用下被损耗（见图12-11）。

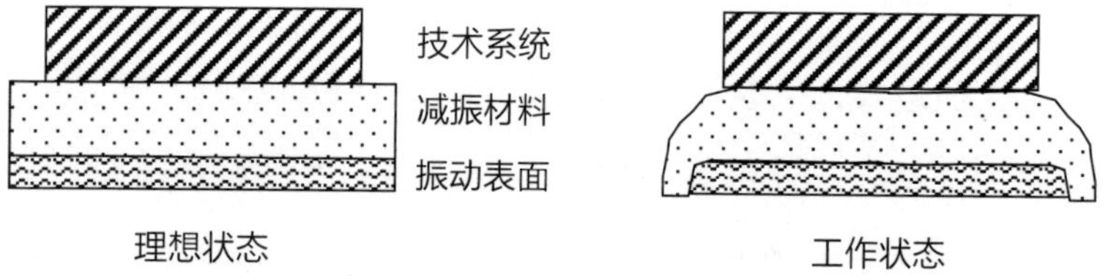

图12-11 减振材料的不同状态

- 技术矛盾1。如果材料的塑性高，那么其减振效果好，但是该材料会在工作中被损耗。
- 技术矛盾2。如果材料的塑性低，那么该材料不会在工作中被损耗，但是其减振效果差。

将技术矛盾1的“那么……”和“但是……”中的参数提取出来，可得到改善参数——减振效果和恶化参数——材料损失。

将上述参数转化为通用工程参数，可得到改善参数20——静止物体使用的能量和恶化参数23——物质损失。

查询矛盾矩阵，可得到发明原理28——替代机械系统、发明原理27——廉价替代品、发明原理18——机械振动、发明原理31——多孔材料。

解决方案。美国专利US 5965249建议，在技术系统和振动表面间加入多孔材料“氟化有机聚合物（如PTFE或PVDF）”或“聚合物毡（如聚酰胺、NOMEX或其他合成织物/毡，以及聚烯烃、聚亚安酯等）”，并在孔中填充聚合物树脂（如环氧物）、碳氟化合物（如寡聚全氟化碳）、低分子量碳氟化合物、聚亚安酯、丙烯酸树脂、硅酮、聚异丁烯和蜡等。（本案例使用了发明原理31——多孔材料）。

12.3.4　亮片

在第6.2.1节，我们通过分析得出，若亮片重心靠近8字环则投钓精准，但这样也会使鱼线与亮片本体距离太近，导致鱼咬到鱼线（见图12-12）。

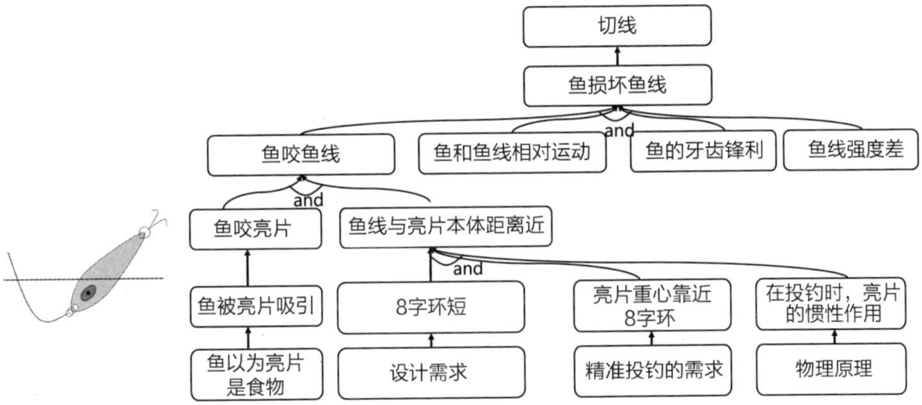

图12-12　亮片的因果链模型

物理矛盾。为了精准投钓，亮片重心应该靠近8字环；但是，为了防止鱼咬鱼线，亮片重心应该远离8字环。

加入关键词（在什么时候）：为了精准投钓，在投钓时，亮片重心应该靠近8字环；但是，为了防止鱼咬鱼线，在亮片入水后，亮片重心应该远离8字环。

解决方案。美国专利 US 6609326建议，在亮片中设置一组可活动的结构42（见图12-13）。在投钓时，利用挡片52将配重卡在靠近鱼线的位置。在亮片入水后，挡片52脱落，配重滑入槽34中，由于重心位置改变，鱼就不会咬到鱼线了。

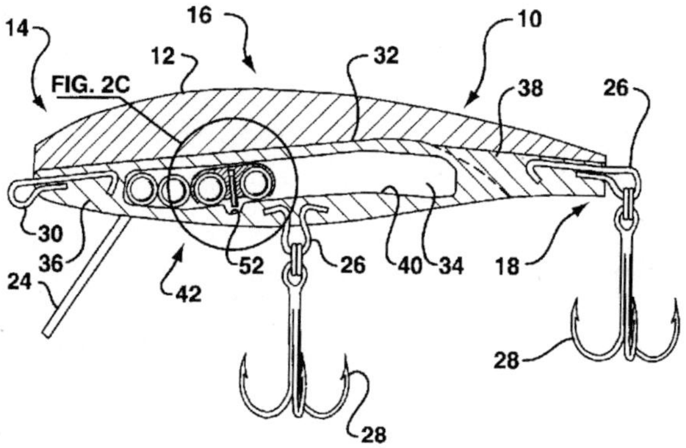

图12-13 US 6609326

12.3.5 燃料电池

图12-14所示为一种甲醇燃料电池。当甲醇浓度为3%~6%时，该燃料电池能够正常工作，此时甲醇的消耗量为每小时0.1升。为了使电池的工作时间更长，人们尝试过升高甲醇的浓度，但当甲醇浓度超过6%时，电池的催化剂会“中毒”，导致电池无法正常工作。

物理矛盾。为了让电池能够正常工作，甲醇的浓度应该保持在3%~6%；

但是，为了使电池的工作时间更长，应升高甲醇的浓度（高于6%）。

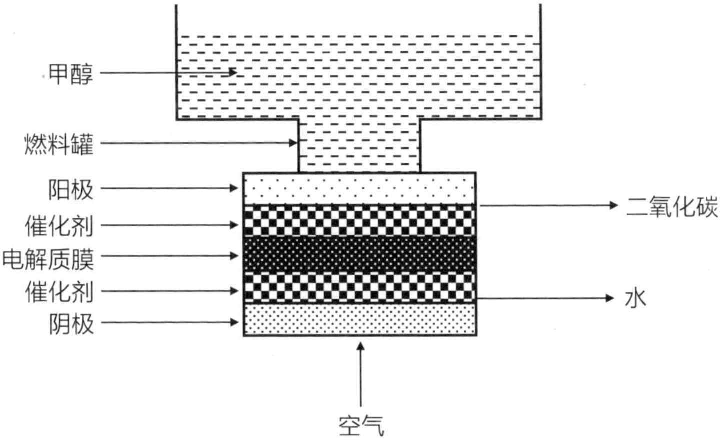

图12-14　一种甲醇燃料电池

加入关键词（在哪）：为了让电池能够正常工作，在催化剂处，甲醇的浓度应该保持在3%~6%；但是，为了使电池的工作时间更长，在燃料罐处，应升高甲醇的浓度（高于6%）。

解决方案。美国专利US 2003/0082421建议，将甲醇燃料燃烧后产生的水引入催化剂的前端（见图12-15），以使进入催化剂的甲醇浓度降到6%以下，防止其“中毒”。

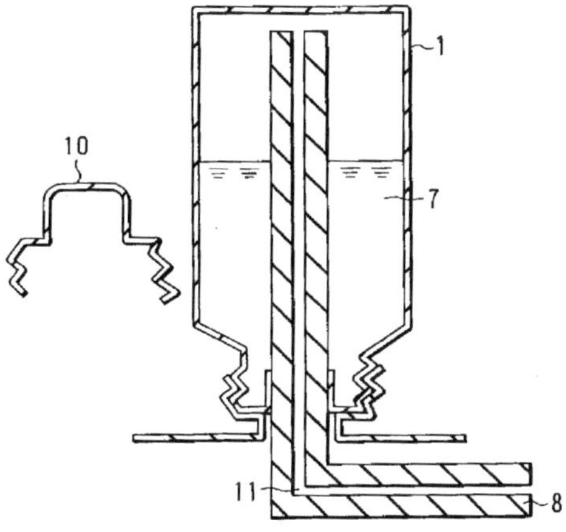

图12-15　US 2003/0082421

本章小结

由于很适合授课，技术矛盾在TRIZ培训课程中的“出镜率”相当高。但在解决实际问题时，其效率经常不尽如人意。这主要是因为正确的技术矛盾很难被描述，或者使用者无法将改善和恶化的参数转化为合适的通用工程参数。有趣的是，由于发明原理是一种基于对大量专利的研究而归纳出来的建议准则，人们往往可以利用找到的发明原理解决问题。就像我在第3部分开篇提到的“绿色木材”一样，虽然乔·西格尔对木材的知识知之甚少，但这并不耽误他卖绿色的木材赚钱。当然，我这么说不是在否定技术矛盾的价值，而是想告诉读者：想要真正地使用技术矛盾来解决问题，需要深入地分析问题。只有将问题分析透彻，得到了合适的关键问题，产生了正确的技术矛盾，并将改善和恶化的参数转化为正确的通用工程参数，才能将技术矛盾的价值发挥到极致。读者也可以将技术矛盾转化为物理矛盾，然后使用分离、满足或绕过来解决物理矛盾，从而解决问题。

第 13 章 ARIZ 应用

ARIZ，即发明问题解决算法，是将俄语Алгоритм Решения Изобретательских Задач（АРИЗ）拉丁化为Algoritm Resheniya Izobretatelskikh Zadatch后所取的首字母缩写。

ARIZ是一个通过确定和解决导致问题的技术矛盾来解决“发明问题”的程序。它先逐步将“模糊的”发明情境转化为“简化的”问题模型，然后将其转化为理想方案，最后再分析和解决矛盾[7]。

ARIZ是用来控制人们的心理惯性的。在从事激发想象力的工作时，需要抑制心理惯性。在某种程度上，只有使用ARIZ人们才不会受到显著影响。它通过使用预设的程序排除某些类型的常见错误，增加使用者解决问题的信心，使其超越专业领域的界限。最重要的是，ARIZ引导使用者的思想朝着最有希望成功的方向发展[7]。

第一次使用ARIZ可能不会让你得到合适的结果。但是ARIZ设计了多个循环，每个循环都可以带来新的解决方案[7]。

ARIZ的应用流程非常复杂，而且其中有很多“奇怪的表达方式”，使用起来并不友好。更关键的是，在实际工作中能够应用到ARIZ的场景很罕见，我曾经咨询过一位资深TRIZ大师：“在你几十年的TRIZ应用生涯中，真正应用到ARIZ的次数有多少？”他的回答是：“Rare。”所以，我建议读者在确定问题分析环节无误、选择了合适的关键问题且使用科学效应库、功能导向搜索、标准解应用和矛盾（发明原理应用）都无法解决问题以后，再尝试使用ARIZ解题。

在应用ARIZ的过程中，关键问题被一步步聚焦，使用者将逐渐注意到周围曾被忽略的资源（见图13-1），然后将关键问题转化为各种发明问题模型（技术矛盾、物理矛盾、物—场模型）并将之解决。

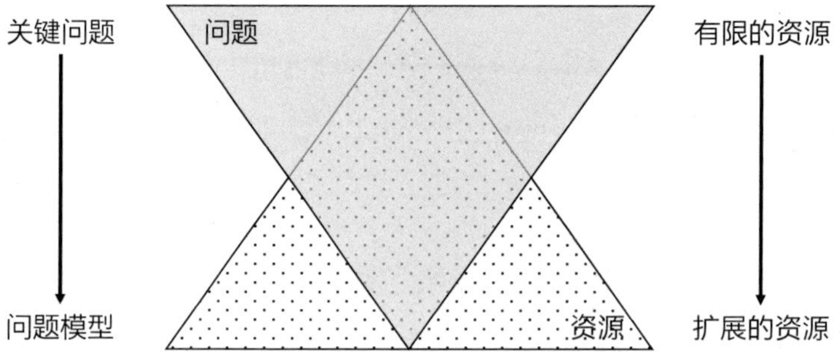

图13-1　问题与资源

关于ARIZ的工作，是在1946年开始的。但是，那时还没有ARIZ这个概念，问题是另外的样子："应该研究发明创造的经验，揭示好答案的突出特征。这些特征，使好答案与坏答案有所差别。其结论可能有利于解决发明问题"[17]。

第一版的ARIZ发表于1956年，但直到1963年它才被冠以ARIZ之名。在近30年的时间里，ARIZ历经十几个版本的迭代，1985年，阿奇舒勒时代的最终版本ARIZ-85C被推出。后来也有组织不断地更新ARIZ，但人们很少在公共领域见到它们。

我认为，学习ARIZ更重要的是，通过它体会阿奇舒勒研发TRIZ的历程，加深对TRIZ工具的理解，然后将得出的领悟用于解决实际问题，提升TRIZ应用水平。

ARIZ-85C是阿奇舒勒亲自参与、开发的最后一个ARIZ版本，使用它的过程是一个与阿奇舒勒"神交"的过程，这对熟练掌握TRIZ工具大有帮助。图13-2展示了ARIZ-85C的解题流程，我将通过一个案例向读者介绍它的前4个部分[1]。

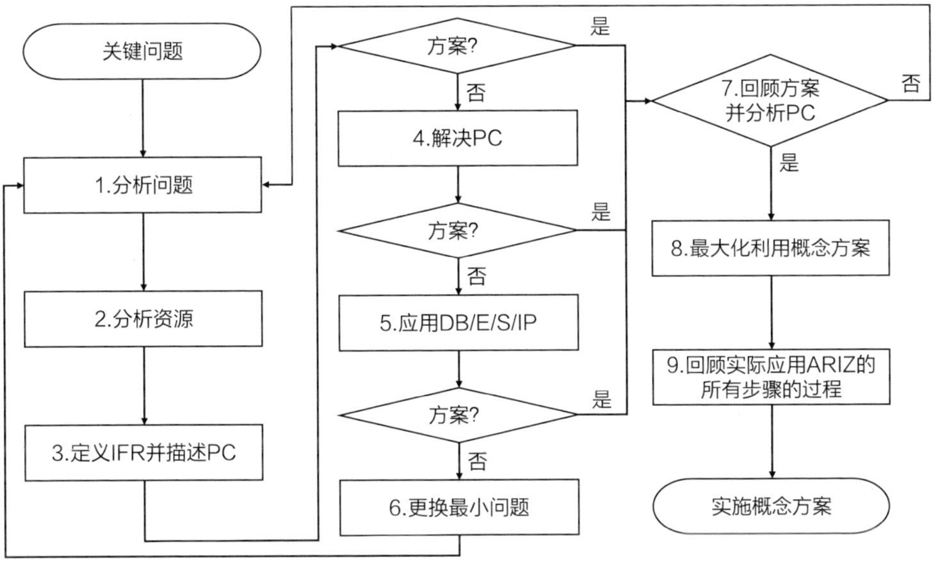

图13-2　ARIZ -85C的解题流程

无线电望远镜的天线架被设在经常有雷雨的地方。为了防备闪电，天线周围需要设立避雷针（由金属的棒状物构成）。但避雷针会阻挡电磁波，形成无线电阴影。若将避雷针装在天线上，在该情况下又是不可能的。怎么办[17]?

解决上述问题的妥协方案是减少避雷针的数量（见图13-3），这样形成的无线电阴影小，但会导致避雷针群对闪电的吸收能力下降。

对于真实的问题，读者需要先使用分析工具得到关键问题后再使用ARIZ。否则将导致问题不够聚焦，ARIZ的流程会进行得非常艰难。由于

1　1）图13-2中PC指物理矛盾，IFR指最终理想解，DB指科学效应库，E指效应，S指标准解，IP指发明原理；2）ARIZ是一个复杂工具，需要有80小时以上的前期学习，才可以将其用于解决新问题；3）ARIZ是一个用于解决“非标准问题”的工具。在使用ARIZ前，先试试你的问题能否使用“标准解”解决。

本题已经非常聚焦，我将直接进入ARIZ的解题流程。

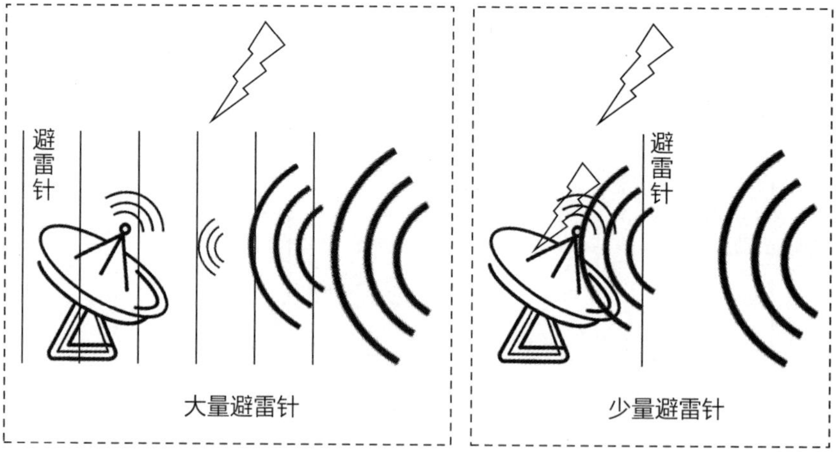

图13-3　避雷针的数量对天线的影响

13.1 分析问题（第 1 部分）

分析问题（第1部分）的目的是将模糊的问题转化为“公式化的”问题模型。

13.1.1　定义最小问题（步骤1.1）

在步骤1.1，需要从关键问题中得到系统的主要功能、系统&超系统组件、技术矛盾1和技术矛盾2及最小问题。

其中，最小问题（Mini Problem）解决了当前的关键问题，但没有改变原系统（或使系统改变最小）的问题。

本题的系统是避雷针，所以：

- 系统的主要功能是导流闪电。
- 系统&超系统组件包括避雷针、天线、电磁波、闪电、地面、空气。

- 技术矛盾1。如果安装大量避雷针，那么导流闪电效果好，但是会过量吸收电磁波[1]。
- 技术矛盾2。如果安装少量避雷针，那么只会少量吸收电磁波，但是导流闪电效果不好。
- 最小问题。有必要达到两种积极效果“导流闪电效果好”且“只会少量吸收电磁波”，在过程中对系统改变最小[2]。

13.1.2 确定矛盾对（步骤1.2）

步骤1.2要得到的矛盾对（Conflict Pair）指的是完成主要功能的工具（功能载体）和制品（功能对象）。根据具体问题，矛盾对有三种类型：1个工具+1个制品、1个工具+2个制品、2个工具+1个制品。

- 制品（Product）是需要制造、改变（或改进）的组件，它通常是主要功能的对象。可依个人喜好称其为“产品”，即功能分析中的“目标（target）”。一般来说先写制品再写工具会更容易一些。
- 工具（Tool）是直接作用在制品上的组件，它有两种状态。（来自步骤1.1的两个技术矛盾中的“如果……”）

本题中的矛盾对是：

- 工具。避雷针（两种状态：大量、少量）。
- 制品。闪电、电磁波。

1 在ARIZ的技术矛盾中，“如果”“那么”“但是”后的描述最好使用功能，即“动词+作用对象”的形式，这将对后面的步骤大有裨益。

2 最小问题的格式是固定的，读者能够修改的是引号中的部分，它是从两个技术矛盾中的“那么……”提取出来的。

13.1.3 图形化矛盾（步骤1.3）

在步骤1.3，将步骤1.1中得出的技术矛盾1和技术矛盾2图形化（见图13-4）。一共有9种不同的图形化模型，见附录D。

- 技术矛盾1。如果安装大量避雷针，那么导流闪电效果好，但是会过量吸收电磁波。
- 技术矛盾2。如果安装少量避雷针，那么只会少量吸收电磁波，但是导流闪电效果不好。

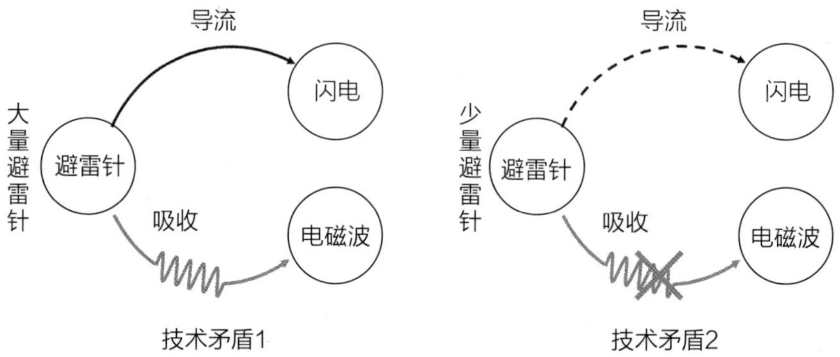

图13-4　图形化的技术矛盾1和技术矛盾2

13.1.4 选择矛盾（步骤1.4）

在步骤1.4，使用者需要选择步骤1.3中的一个技术矛盾（不可以两个都选）以备解决。在所描述的两个技术矛盾中，一个是能够更好地执行主要功能的技术矛盾，解决它对系统改动相对较小；另一个是能够突破现有设计，开辟新赛道的技术矛盾。具体选择哪个技术矛盾取决于使用者想要达到的效果，一般建议选择能够执行主要功能的那个技术矛盾。本例中的主要功能是导流闪电，很明显，技术矛盾1能更好地执行主要功能，我选择它作为分析的对象，如图13-5所示。

13.1.5　激化矛盾（步骤1.5）

在步骤1.5，需要激化在步骤1.4中选择的技术矛盾。所谓的“激化”是指，在选择的技术矛盾中，有用作用被完全发挥，有害作用达到最大影响；或者有害作用完全被消除，有用作用一点也没被发挥。

本例中的激化矛盾为：如果安装一面由避雷针构成的墙，那么该墙会导流所有闪电，但是会吸收所有电磁波，如图13-6所示。

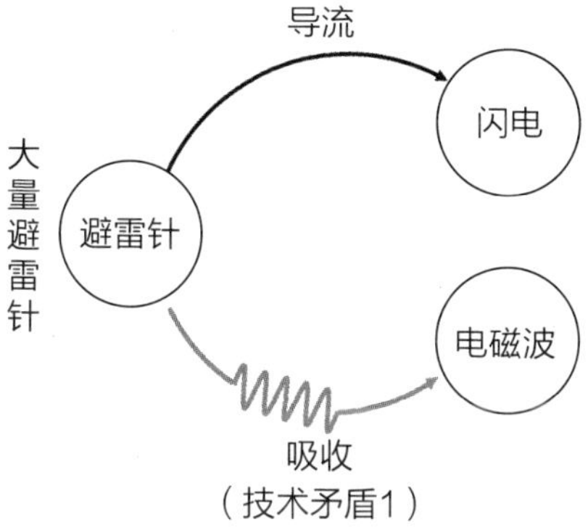

图13-5　被选择的技术矛盾

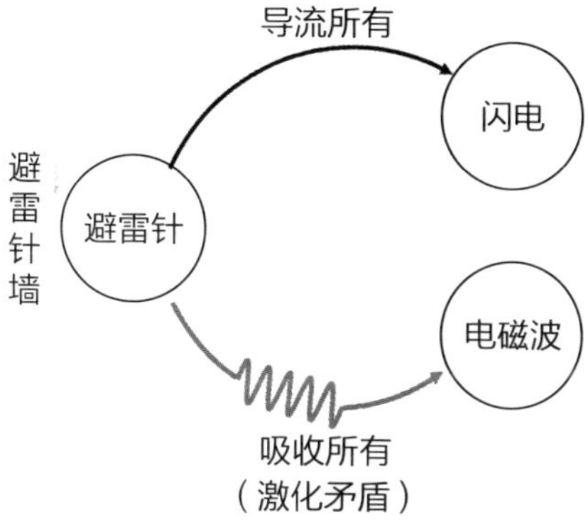

图13-6　激化矛盾

13.1.6　定义问题模型（步骤1.6）

在步骤1.6，需要得出问题模型（Problem Model），它是ARIZ中的一种格式固定的、被重新定义的模型，包含工具、制品、激化的矛盾及X—因子。

其中，X—因子（英文名称为X-factor、X-man、X-element、X-component等）是系统中的未知实体，为解决某一问题，它必须在技术系统中产生特定改变（例如，改变参数、物理状态、化学成分等）。

问题模型的格式为：现有“（步骤1.4中所选矛盾中的工具和制品）”，以及（步骤1.5中激化的矛盾）。有必要找到一个“X—因子”，它可以消除有害效果“（步骤1.5中的但是……）”同时保留有益效果“（步骤1.5中的那么……）”并且不会产生任何其他有害效果。

上述的表达方式非常奇怪，但使用时不要更改格式，只需要将括号中的内容替换为自己课题中的内容即可（后面的固定表达的处理方式与此相同）。

本例中的问题模型为：现有大量避雷针、闪电和电磁波。如果安装一面由避雷针构成的墙，那么该墙会导流所有闪电，但是会吸收所有电磁波。有必要找到一个“X—因子”，它可以消除有害效果“吸收所有电磁波”，同时保留有益效果“导流所有闪电”，并且不会产生任何其他有害效果。

13.1.7 应用标准解（步骤1.7）

在步骤1.7，需要读者根据步骤1.5中图形化的激化矛盾查找相应的标准解。

阿奇舒勒在完善ARIZ的过程中就意识到其复杂性，所以他几乎在每个部分都会提示使用者尽快解决问题，以便更早地跳出ARIZ流程（由于我还要阐述后面的部分，此处就不使用标准解了。读者可以尝试使用标准解来提前得到解决方案，以便结束ARIZ流程）。

表13-1展示了第1部分的主要输出物：

表 13-1 第 1 部分的主要输出物

<table>
<tr><th>步骤</th><th colspan="5">主要输出物</th></tr>
<tr><td rowspan="2">1.1 定义最小问题</td><td>系统的主要功能</td><td>系统&超系统组件</td><td>技术矛盾1</td><td>技术矛盾2</td><td>最小问题</td></tr>
<tr><td colspan="5">有必要达到两种积极效果“（TC1那么……）”且“（TC2那么……）”，在过程中对系统改变最小</td></tr>
<tr><td>1.2 确定矛盾对</td><td colspan="5">矛盾对（1个工具+1个制品，或1个工具+2个制品，或2个工具+1个制品）</td></tr>
<tr><td>1.3 图形化矛盾</td><td colspan="5">技术矛盾1或技术矛盾2的图形化模型</td></tr>
<tr><td>1.4 选择矛盾</td><td colspan="5">（被选择的）技术矛盾1或技术矛盾2</td></tr>
<tr><td>1.5 激化矛盾</td><td colspan="5">激化后的（步骤1.4中的）矛盾</td></tr>
<tr><td rowspan="2">1.6 定义问题模型</td><td colspan="5">固定形式的问题模型</td></tr>
<tr><td colspan="5">现有“（步骤1.4中所选矛盾中的工具和制品）”，以及（步骤1.5中激化的矛盾）。有必要找到一个“X—因子”，它可以消除有害效果“（步骤1.5中的但是……）”同时保留有益效果“（步骤1.5中的那么……）”并且不会产生任何其他有害效果</td></tr>
<tr><td>1.7 应用标准解</td><td colspan="5">标准解（建立步骤1.4或步骤1.5中的问题的物—场模型，在76个标准解中找到合适的1个或若干可能的标准解）</td></tr>
</table>

13.2 分析资源（第 2 部分）

分析资源（第2部分）的目的是创建一个可用于解决问题的资源（空间、时间、物质、场、参数）清单。

13.2.1 分析操作区域（步骤2.1）

操作区域（Operation Zone，OZ）是（技术矛盾中）执行功能的区域。一般认为操作区域有两个，分别是OZ_1和OZ_2，其中OZ_1可以等于OZ_2。

OZ_1和OZ_2可以根据图13-7的激化矛盾得出。

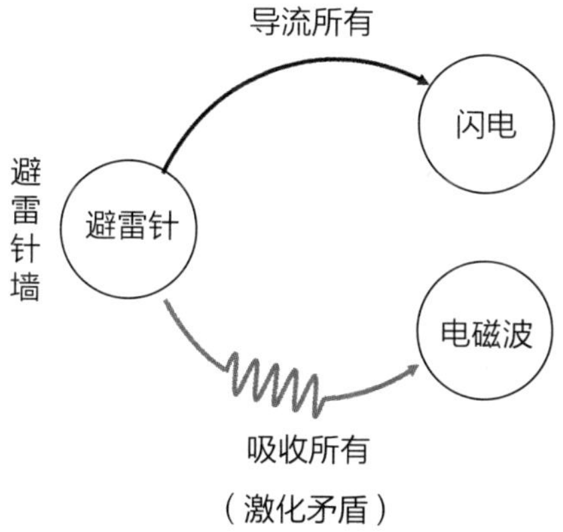

图13-7 激化矛盾

OZ_1：避雷针墙导流所有闪电的区域。OZ_2：避雷针墙吸收所有电磁波的区域。

为了得到具体的操作区域，使用者需要将当前的状态手绘出来。

- 一定要手绘，这个过程可以让你对问题更加了解；
- 手绘的图片不需要很精确，但务必反映真实的情况；
- 我使用了图13-8所示的简笔画来表现该情况（实际上，手绘更为迅速）。

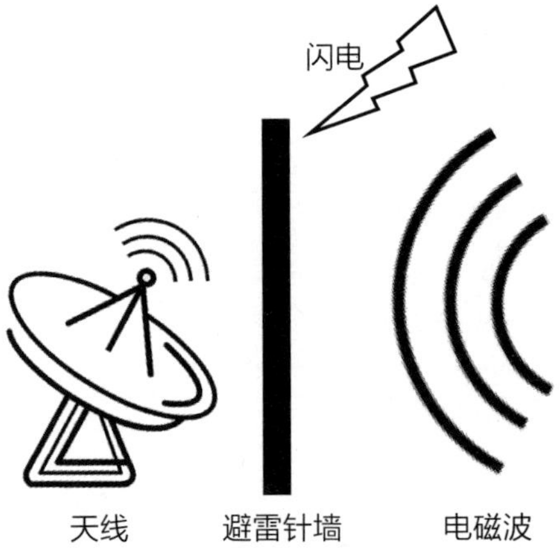

图13-8　避雷针墙的操作区域（简图）

结合上述OZ_1和OZ_2的描述以及图13-8，可将操作区域描述为：

OZ_1为避雷针墙的外表面；OZ_2为避雷针墙的外表面。

接下来，读者需要判断上述两个操作区域是否交叉，以便后续分析。

很显然，本例中的操作区域是一样的，可以用图13-9的下半部分来表达。

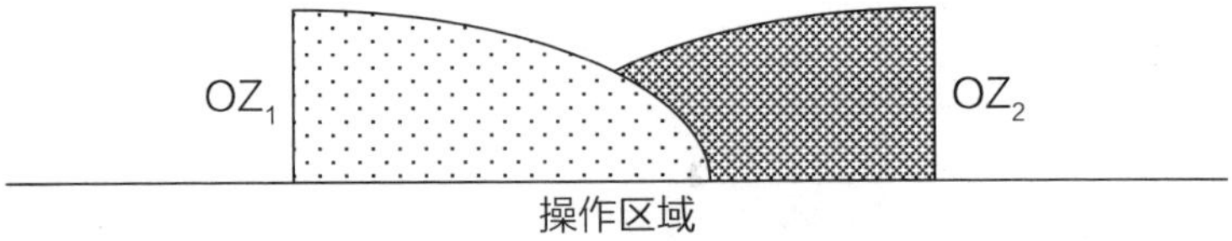

图13-9　避雷针墙的操作区域（图形化结果）

13.2.2　分析操作时间（步骤2.2）

操作时间（Operation Time，OT）是（技术矛盾中）执行功能的时间。一般认为操作时间有两个，分别为OT_1和OT_2，其中OT_1可以等于OT_2

（也有3个OT的表达方法，即问题发生的前、中、后期）。

OT_1和OT_2可以根据图13-7所示的激化矛盾得出。

OT_1：避雷针墙导流所有闪电的时间。OT_2：避雷针墙吸收所有电磁波的时间。

假设存在一面“避雷针墙”，它只在有闪电的时候才执行“导流闪电”的功能，但在全时段都会吸收所有电磁波。可以将OT_1和OT_2具体描述为：

OT_1为有闪电的时候；OT_2为全时段。

接下来，读者需要判断上述两个操作时间是否交叉，以备后续分析。

很显然，本题中的操作时间是部分交叉的，如图13-10的下半部分所示。

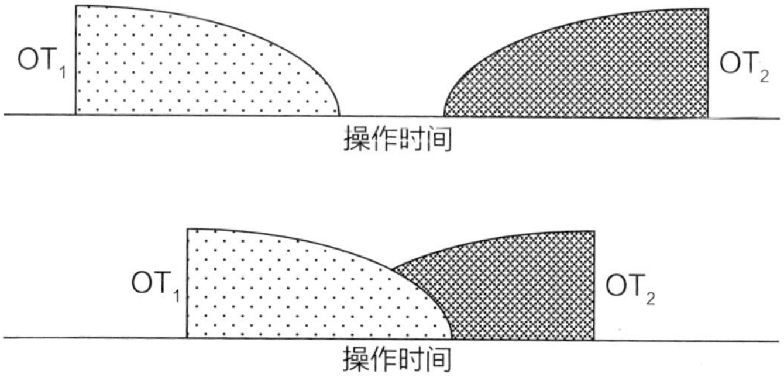

图13-10　避雷针墙的操作时间（图形化结果）

操作区域和操作时间都交叉的情况十分常见，读者不用奇怪。

如果发现操作空间或操作时间不交叉，就可以将技术矛盾转化为物理矛盾，并使用空间分离或时间分离解决问题。

13.2.3　物—场资源分析（步骤2.3）

物—场资源（Su-Field Resources，SFR）指的是物质、场、物质和场的参数、时间、空间等资源。步骤2.3表现为某种形式的清单，我推荐将其绘制成如表13-2所示的格式。

表 13-2　SFR 分析表

物质	场	物质和场的参数

某些专家会推荐使用一系列更为详细的表格，如：①罕见的物质、场及参数表；②免费的物质、场及参数表；③随处可见的物质、场及参数表等。读者可以根据情况选择具体使用多少张表来描述自己的物—场资源。

表13-3是我对本例的物—场资源做的表格。

表 13-3　避雷针案例中的 SFR 分析表

物质	场	物质和场的参数
避雷针、天线、地面、空气、树……	电磁波、闪电……	避雷针的材料（长度、直径、表面积、体积、结构等）、天线的材料（面积、方向等）……

表中的省略号表示，可以根据实际情况无限添加内容。在做这一步时，最好将与项目相关的所有工程师都组织起来，一起填写表格。理论上，表中填写的内容越多，后续解决问题的“抓手”也就越多，但消耗的时间也就越多。此外，还存在一种可能：在填写上表的过程中，工程师受到启发直接解决了问题。

表13-4是第2部分的主要输出物。

表 13-4　第 2 部分的主要输出物

步骤	主要输出物			
2.1 分析操作区域	OZ_1	OZ_2	手绘图：执行两个功能的区域	示意图：操作区域分离或重叠
2.2 分析操作时间	OT_1	OT_2	手绘图：执行两个功能的时间	示意图：操作时间分离或重叠
2.3 物—场资源分析	物、场、参数、时间、空间等资源的清单			

13.3 定义最终理想解并描述物理矛盾（第3部分）

定义最终理想解并描述物理矛盾（第3部分）的目的是，描述最终理想解和物理矛盾，然后找到“物理矛盾阻碍实现最终理想解的原因”来获取“虽然达不到最终理想解，但可以逼近最终理想解”的解题方向。

13.3.1 描述IFR-1（步骤3.1）

步骤3.1的目的是使用一套固定格式将IFR-1描述出来。

最终理想解或理想的最终结果（IFR）[1]是一种发明问题解决方案模型，是对“X—因子”提出合理需求的一种描述方式。

IFR-1的固定格式为：“X—因子”在“OZ_1”，在“OT_2”消除有害效果“（步骤1.6中的有害效果）”；在“OZ_2”，在“OT_1”保留有益效果“（步骤1.6中的有益效果）”且不会带来任何有害效果。

本例中的IFR-1为：“X—因子”在“避雷针墙外表面”，在“全时段”消除有害效果“吸收所有电磁波”；在“避雷针墙外表面”，在“有闪电的时候”保留有益效果“导流所有闪电” 且不会带来任何有害效果。

13.3.2 描述激化的IFR-1（步骤3.2）

在步骤3.2，通过引入附加要求来激化IFR-1。此处禁止引入新的物质和场，仅可使用步骤2.3中的现有“物—场资源”。

激化的方式很简单：在步骤3.1的固定格式中的X—因子后加入“可以自己”4个字。例如，“X—因子”可以自己在“OZ_1”，在“OT_2”消除有害效果“（步骤1.6中的有害效果）”；在“OZ_2”，在“OT_1”保留有益

1 TRIZ中有两种IFR。ARIZ中的IFR是一种特殊的、格式化的解决方案模型。另一种IFR更为通用，它指的是系统获得一个新的有用特征或消除一个有害特征，但过程中既不会伴随着其他特征的恶化，也不会产生新的有害特征的情况。

效果“（步骤1.6中的有益效果）”且不会带来任何有害效果。

本例中的激化的IFR-1为：“X—因子”可以自己在“避雷针墙外表面”，在“全时段”消除有害效果“吸收所有电磁波”；在“避雷针墙外表面”，在“有闪电的时候”保留有益效果“导流所有闪电”且不会带来任何有害效果。

下面要做的事就是，对照步骤2.3的SFR分析表（见表13-3），用其中的内容逐个替换上述X—因子。例如：

“空气”可以自己在“避雷针墙外表面”，在“全时段”消除有害效果“吸收所有电磁波”；在“避雷针墙外表面”，在“有闪电的时候”保留有益效果“导流所有闪电”且不会带来任何有害效果。

理论上，有多少个物—场资源就可以写出多少个激化的IFR-1。

13.3.3 描述宏观层面的物理矛盾（步骤3.3）

在步骤3.3，使用物理矛盾的格式描述步骤3.2中激化的IFR-1。

宏观层面的物理矛盾（PC in Macro-level）是ARIZ中的一种将有矛盾的需求应用于相对大尺度的组件或其参数的物理矛盾。

根据步骤3.2中激化的IFR-1，可构建下述宏观层面的物理矛盾：为了消除有害效果“吸收所有电磁波”，空气应该（有一种属性，如绝缘）；但是，为了保留有益效果“导流所有闪电”，空气应该（有另一种属性，如导电）。

在步骤2.1和2.2中，如果得出的OZ_1、OZ_2 和/或 OT_1、OT_2是不交叉的，就可以使用时间分离、空间分离方法解决上述矛盾。如果是交叉的，可以使用系统级别分离、关系分离或方向分离方法。

接下来，需要构思概念方案。如果问题可以经过上述步骤解决，则是否继续后续步骤依实际情况而定。

13.3.4 描述微观层面的物理矛盾（步骤3.4）

在步骤3.4，用微观的形式将步骤3.3中的物理矛盾描述出来，用来找到新的解题方向。

微观层面的物理矛盾（PC in Micro-level）是ARIZ中的一种将有矛盾的需求应用于“组成大尺度组件的粒子”的物理矛盾。其中，应加入OZ_1、OZ_2及OT_1、OT_2，例如：

为了使避雷针墙的外表面可以自己在全时段不吸收电磁波，组成空气的粒子应该（有一种属性，如绝缘）；但是，为了使避雷针墙的外表面可以自己在有闪电的时候导流闪电，组成空气的粒子应该（有另一种属性，如导电）。

所述的粒子可以是分子、原子、离子等任一种“粒子”，不用具体化。下面仍然是构思概念方案的环节。

所述的空气粒子，

- 应该在一个“壳体”中（避雷针墙外表面的内部），所以该避雷针墙应该是一个内部中空的壳体；
- 在有闪电的时候导流闪电，在全时段不吸收电磁波。所以上述壳体不能是金属的，否则会吸收电磁波。所述壳体在有闪电的时候又能导电，所以该避雷针应该由一种在外界电源刺激下才会导电的电介质材料制成。

苏联证书177497建议，用电介质材料将避雷针制成密封的中空管，管中装有空气（见图13-11）。为了增强避雷针的导电性，可以电离管中空气。具体方法为：降低管内的压力，并根据闪电的电场引起的最小气体放电梯度来调节该压力。

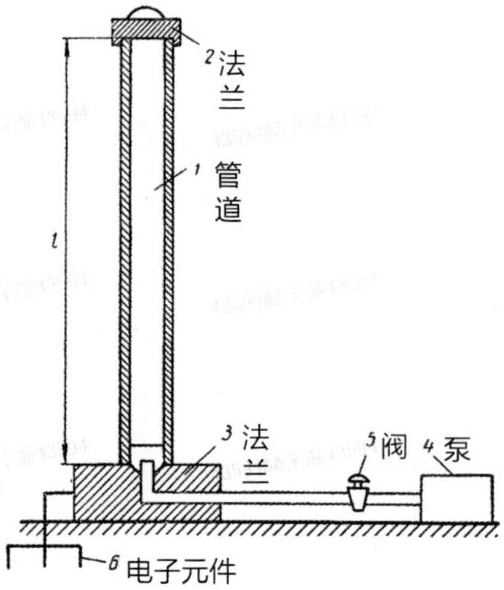

图13-11　苏联证书177497

13.3.5　描述 IFR-2（步骤3.5）

在步骤3.5，基于步骤3.2，进一步应用步骤2.3中的其他资源来构建新的IFR，形成一个全新的、应用“作用于微观粒子的宏观资源”解决问题的方向。

IFR-2的固定格式为：“X—因子”使“（步骤3.2中所选的物—场资源的粒子）”在“OZ_1”，在“OT_2”消除有害效果“（步骤1.6中的有害效果）”；在“OZ_2”，在“OT_1”保留有益效果“（步骤1.6中的有益效果）”且不会带来任何有害效果。

本例中的IFR-2可描述为：“X—因子”使空气的粒子（空气分子）在“避雷针墙外表面”，在“全时段”消除有害效果“吸收所有电磁波”；在“避雷针墙外表面”，在“有闪电的时候”保留有益效果“导流所有闪电”且不会带来任何有害效果。

根据上述提示，应该有一种物质可以使空气分子在有闪电的时候导电（可能需要在空气中加入某种材料），它可以增加空气分子被电离的程度。当闪电来临时，空气分子被电离，将闪电引导入某处从而保护天线。

如果问题没有解决，可以将IFR-2激化并描述新的宏观层面和微观层面的物理矛盾，然后尝试解决它。

13.3.6　使用标准解解决新的物理矛盾（步骤3.6）

步骤3.6建议读者使用标准解解决新的物理矛盾。如果问题仍未解决或想要获得更具突破性的解决方案，则进入第4部分。

表13-5是第3部分的主要输出物。

表 13-5　第 3 部分的主要输出物

步骤	主要输出物
3.1 描述IFR-1	"X—因子"在"OZ_1"，在"OT_2"消除有害效果"（步骤1.6中的有害效果）";在"OZ_2"，在"OT_1"保留有益效果"（步骤1.6中的有益效果）"且不会带来任何消极效果
3.2 描述激化的IFR-1	"X—因子"可以自己在"OZ_1"，在"OT_2"消除有害效果"（步骤1.6中的有害效果）";在"OZ_2"，在"OT_1"保留有益效果"（步骤1.6中的有益效果）"且不会带来任何消极效果
3.3 描述宏观层面的物理矛盾	为了消除有害效果，"X—因子"应该…… 但是， 为了保留有益效果，"X—因子"应该……
3.4 描述微观层面的物理矛盾	为了在OZ1，OT2消除有害效果，"X—因子"的微观粒子应该…… 但是， 为了在OZ2，OT1保留有益效果，"X—因子"的微观粒子应该……
3.5 描述IFR-2	"X—因子"使"（步骤3.2中所选的物—场资源的粒子）"在"OZ_1"，在"OT_2"消除有害效果"（步骤1.6中的有害效果）"；在"OZ_2"，在"OT_1"保留有益效果"（步骤1.6中的有益效果）"且不会带来任何有害效果。
3.6 使用标准解解决新的物理矛盾	标准解（建立步骤3.5中的问题的物—场模型，在76个标准解中找到合适的1个或若干可能的标准解）

13.4 解决物理矛盾（第 4 部分）

13.4.1 小人法（步骤4.1）

小人法（Method of Smart Small People）是一种通过将技术系统转化成物理矛盾后再将其图形化为一群活动的“小人”并改变“小人”的运动状态来产生新的解决方案的方法。该方法的主要目标是减少使用者在解决问题时的心理惯性。

图13-12是使用小人法后对步骤3.5中的物理矛盾的描述。空气小人手拉手站立，他们没有空余的手来拉住闪电小人，所以闪电小人能很轻松地从其间穿过。

图13-12　穿过空气小人的闪电小人

我希望“闪电穿过的区域”中的空气小人和其他区域的小人不同，他们不与外界的小人拉手并且可以腾出一只手拉住闪电小人，如图13-13所示。

接下来，要找到一种设备或方法，达成让区域中的小人“放手”的目的。

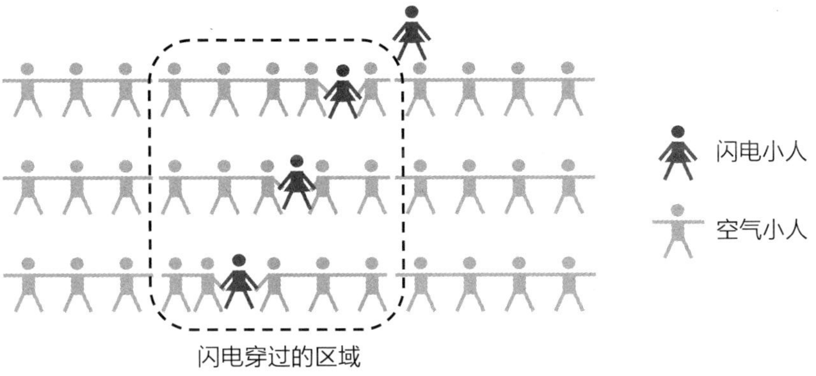

图13-13 无法穿过空气小人的闪电小人

在步骤4.1中，最常见的错误是图做得很粗略，建议读者在这一步多花一点时间，尽量做到：图片生动，最好不用文字说明就能让其他人看懂，必要时提供关于步骤3.5所述的物理矛盾的额外信息，以辅助解决问题。

ARIZ剩下的步骤几乎都是对前4部分的重复，我就不再赘述了。

本章小结

ARIZ是TRIZ中最早被开发的工具，它与TRIZ的关系就像飞机与航空、汽车与汽车运输之间的关系。借助ARIZ，读者可以逐步揭示导致关键问题的物理矛盾，然后改变技术系统以消除该物理矛盾，从而将困难课题转化为简单课题，产生高质量的解决方案。但由于ARIZ用到了经典TRIZ中几乎所有的工具，读者需要对TRIZ有相当深的了解才能应用自如，所以如果看到这里，读者感到自己没有掌握ARIZ其实是正常的，多读、多应用，假以时日必将得心应手。

第14章　超效应分析

超效应（Super Effect）是通过分析“现有系统相对初始系统的改变”得到可用资源并将该资源引入新的开发技术系统中所得到的额外改进。

超效应分析是通过分析超效应来持续改进技术系统的工具。

超效应分析其实属于ARIZ的第8部分“最大化利用概念方案”。它的逻辑是：在工程师解决了问题后，往往因兴奋之情忽略了该解决方案还能带来的“额外好处”，因此没有得到“最大收益”从而被竞争对手“捡漏”。所以，我们需要通过超效应分析来最大化地利用概念方案。

为了解释超效应分析的应用，我杜撰了一个例子：某糖果公司发现，在吃实心糖时，如果急于吞咽，实心糖有可能进入气管并导致窒息，严重时甚至可能导致死亡。于是该公司开发了一种中间带有通孔的糖（见图14-1），解决了上述问题。

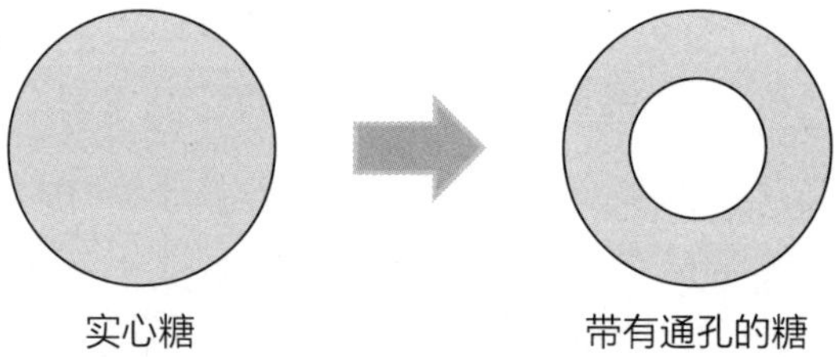

图14-1　实心糖的改进

在同一时间，该公司发现由于给糖开了通孔，糖入口后与唾液的接触面积更大、溶化得也更快，糖吃起来更甜了。所以公司最终推出了一款“进入气管不会导致窒息而且吃起来更甜的糖”。

通孔糖的超效应分析如表14-1所示。

表 14-1　通孔糖的超效应分析

初始系统	实心糖
现有系统	带有通孔的糖
现有系统相对初始系统的改变	有通孔
得到的实际好处	引导气流（进入气管但不会导致窒息）
额外好处	吃起来更甜

通过表14-1可知，如果所述公司在开发出“进入气管不会导致窒息”的糖之后，没有注意到“吃起来更甜”的额外好处，就有可能忽略一个营销“卖点”。在专利领域，如果该额外好处被对手发现并申请了新的专利，将极大阻碍所述公司的技术布局。

超效应分析有固定的算法，我将通过一个例子（改编）来说明其用法。

红酒是葡萄、蓝莓等水果经过传统方法与科学方法相结合而发酵成的果酒。如果开瓶后喝不完，人们一般使用软木塞来密封红酒瓶。天然软木塞本身柔软且富有弹性的特质能很好地密封瓶口又不完全隔绝空气，有利于瓶中的葡萄酒慢慢发酵和熟化，使葡萄酒的口感更加醇香、圆润。但制作软木塞的橡木需要有树龄25年以上的橡树才可以获得，而且使用软木塞有可能导致红酒出现“木塞味”。

为了避免红酒出现“木塞味”，人们开始寻找各种材料替代橡木。例如，使用金属螺旋瓶塞，或者使用天然橡胶、合成橡胶、聚乙烯等制造看起来像软木塞的瓶塞。但金属螺旋瓶塞会让红酒“看起来很廉价”，使用天然橡胶、合成橡胶、聚乙烯等制造的瓶塞又与瓶子吻合太紧，不易塞入或拔出。于是，有人发明了图14-2所示的合成橡胶瓶塞。

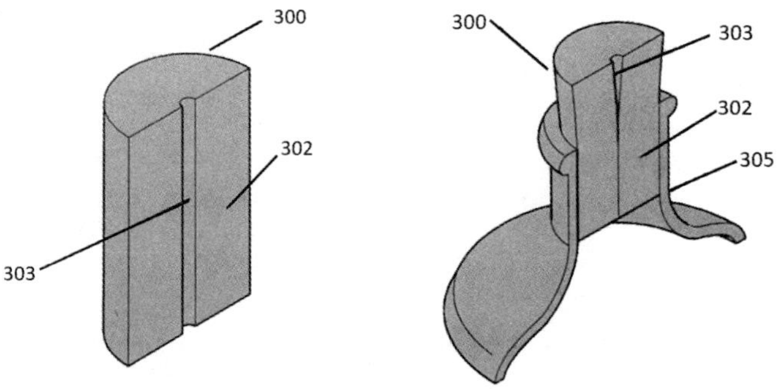

图14-2　带有通孔的合成橡胶瓶塞

该瓶塞中设置了一个通孔303（见图14-2）。由于存在通孔303，在塞入或拔出瓶塞300时，瓶塞本体302很容易被压缩变形，大大降低了塞入或拔出的难度。于是，发明人针对该发明点申请了专利——一种易于插拔的瓶塞。

下面进入超效应分析环节：

1.描述“改进系统”的现有状态。

- 所述的瓶塞很容易被塞入红酒瓶或从红酒瓶中拔出。

2. 列出初始系统中被改变的内容。

- 实心橡胶塞 → 有通孔的橡胶塞。

3.找出由于第2步中的改变而引起的“改进系统”的新特征。

- 新的瓶塞被塞入酒瓶后，瓶塞阻挡住大部分空气，但仍然有微量空气从通孔303中进入瓶内。
- 进入瓶内的微量空气可以为红酒的“熟化”提供更佳的“气体交换”，使红酒风味独特。

4. 以第3步中的特征为资源，找出改进系统的额外方法。

- 改变通孔的形状。例如，I 形孔 → L 形孔。
- 改变通孔的直径。以找到最佳“气体交换”值或产生更有风味的酒。

5. 描述下一代的改进系统。

- 制造L形、M形、X形、Z形等通孔的瓶塞。
- 制造具有最佳通孔直径的瓶塞（适宜作为技术秘密）。

6. 重复步骤1至步骤5，获得下一代系统。

本章小结

提醒工程师：在使用超效应分析工具解决问题之后，不要急于庆祝也不要急于申请专利，“让子弹飞一会”，看看有没有可能得到额外收益。如果没有额外收益并不会造成什么大的损失，但万一有呢？

附录

附录A 标准解系统

A.1 第1类 建立或破坏物—场模型

A.1.1 建立物—场模型

S 1.1.1 建立一个物—场模型

如果给定对象不可接受（或勉强可以接受）所需变化，且问题描述中没有对引入物质或场做出限制，可以引入缺失的元素建立“完整的物—场模型”（见图A-1）。

图A-1 完整的物—场模型

S 1.1.2 内部复合物—场模型

如果给定对象不可接受（或勉强可以接受）所需变化，且问题描述中没有对引入物质或场做出限制，可以在S_1或S_2中引入添加物S_3（见图A-2），将问题物—场永久或暂时地过渡到“内部复合物—场模型”，从而增加给定对象的可控性或为其带来必要的性质。

在S 1.1.2中，问题的物—场模型看似完整，其实缺乏必要元素，导致系统无法正常工作。

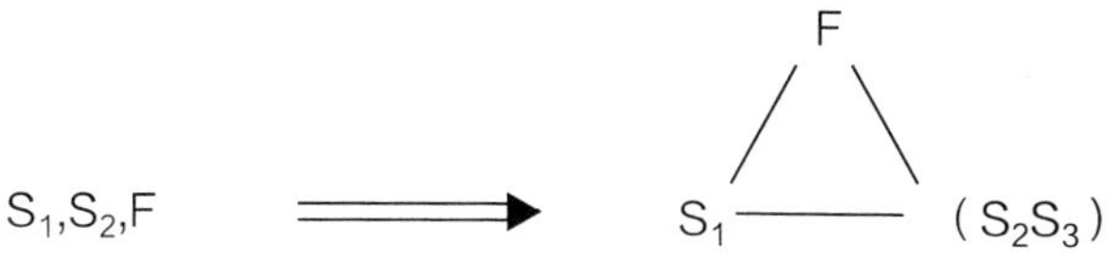

图A-2　内部复合物—场模型

S 1.1.3　外部复合物—场模型

如果给定对象不可接受（或勉强可以接受）所需变化，且问题描述中限制在S_1和S_2中引入添加物，可以将其永久或暂时地过渡到“外部复合物—场模型”。依附于S_1或S_2外部的添加物S_3（见图A-3），能增加可控性或给物—场模型赋予必要的性质。

图A-3　外部复合物—场模型

S 1.1.3中，问题的物—场模型看似完整，但缺乏必要的元素，导致系统无法正常工作。

S 1.1.4　利用环境建立物—场模型

如果给定对象不接受（或勉强可以接受）所需的变化，且问题描述中限制在S_1或S_2的内部或由外部引入添加物，可以引入环境作为添加物（见图A-4）。

图A-4　利用环境建立物—场模型

- S 1.1.4中的S_3是从环境中得到的物质。

S 1.1.5　利用环境和添加物建立物—场模型

如果环境中没有类似S 1.1.4中所需的建立物—场模型的物质S_3，则可通过分解环境产生该物质（例如，将环境中的液体分解为某种气体）。

S 1.1.5与S 1.1.4的图例相同，区别在于S 1.1.5中的S_3是分解环境产生的物质。

S 1.1.6　最小模式[1]

如果需要某个作用的“最小模式”，但所需作用又很难或不可能达到，则可以应用“最大模式”，然后消除多余的物质或场（见图A-5）。其中，多余的场可以通过物质消除，多余的物质可以通过场来消除。

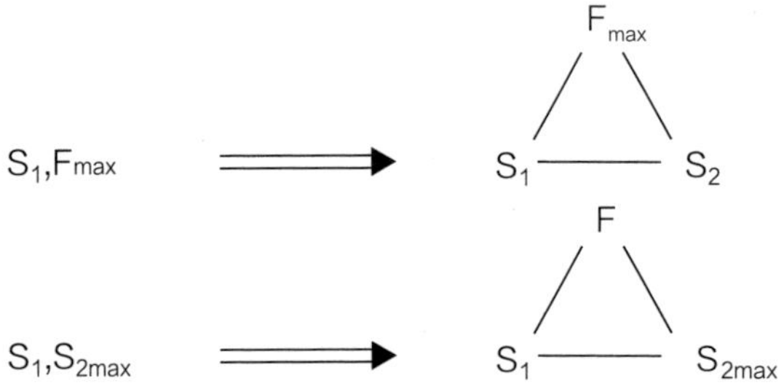

图A-5　最小模式

S 1.1.7　最大模式

如果需要让作用以“最大模式”工作，但由于各种原因又不能这么做，则该“最大作用”应该保留，但它应指向与最开始的物质有关联的另一物质（见图A-6）。

图A-6　最大模式

1　“最小模式”指所需的物质或场的量是最优的、需要仔细斟酌的；“最大模式”指不管系统需要多少物质或场，直接配能够提供的最大的量。

S 1.1.8　选择性的最大模式[1]

如果需要“选择性的最大模式”，可以让所提供的场变成最大状态，但在需要最小影响的区域引入保护物质（例如，在使用火焰密封装有药品的安瓿瓶时，火焰的高温会使药品失效。可以将安瓿瓶的大部分浸入水中，只露出顶部。火焰只熔化安瓿瓶的顶部，水吸收了多余的热量。其中，火焰变成最大状态，安瓿瓶的顶部是需要最小影响的区域，水是保护物质）。或者提供最小的场，此时应在需要最大影响的区域引入能够产生局部场的物质（在爆炸焊接时，可以将炸药分布在焊件结合面上，依靠炸药爆炸产生的熔池将焊件连接。其中，焊接结合面是需要最大影响的区域，产生局部场的物质是炸药）。

A.1.2　破坏物—场模型

S 1.2.1　通过引入S_3，消除有害作用

如果物质S_1和S_2之间同时存在有用作用和有害作用，又不要求S_1和S_2彼此紧密相邻，则可以在S_1和S_2之间引入无成本的物质S_3（见图A-7）。

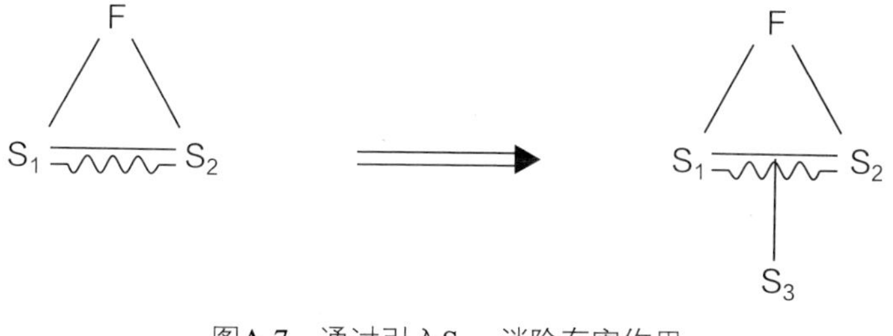

图A-7　通过引入S_3，消除有害作用

S 1.2.2　通过引入改变后的S_1和/或S_2，消除有害作用

如果两个物质之间同时存在有用作用和有害作用，又不要求S_1和S_2彼此紧密相邻，而且问题描述中不允许引入外来物质，则可以改变S_1和/或

1　“选择性的最大模式”指在选定区域执行最大模式，或者在其他区域执行最小模式。

S_2，将改变后的物质作为第3个物质S_3引入其中。

S 1.2.2 与 S 1.2.1的配图相同（见图A-7），区别在于 S 1.2.2 中的S_3是S_1或S_2的变体，如冰或水蒸气是水的变体。

S 1.2.3 “抽出”有害作用[1]

如果S_1上有一个有害作用F，可以引入物质S_3使F作用在其上，以抵消作用在S_1上的有害作用（见图A-8）。

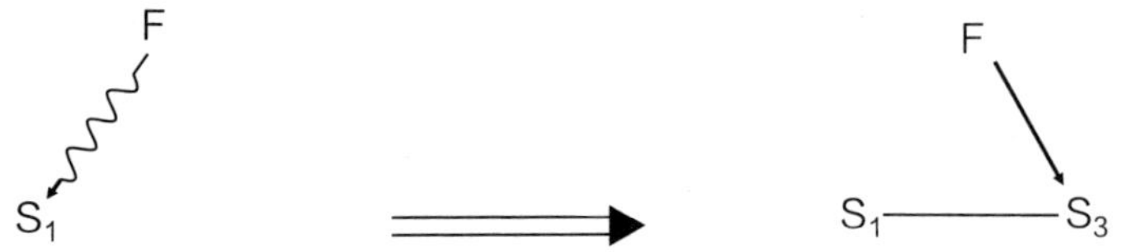

图A-8 “抽出”有害作用

S 1.2.4 使用F_2抵消有害作用

如果两个物质之间同时存在有用作用和有害作用，并且这些物质与标准解1.2.1 和1.2.2 中的物质不同，它们必须紧密相邻，则可以建立“双物—场模型”（见图A-9）。其中F_1执行有用作用，F_2中和有害作用或将有害作用转化为另一种有用作用。

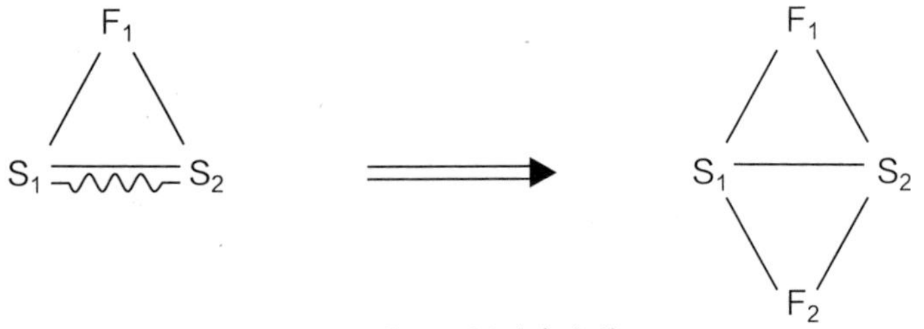

图A-9 使用F_2抵消有害作用

S 1.2.5 “切断”磁影响

如果两个物质之间同时存在有用作用和有害作用且其中存在磁场，则

1 问题的物—场模型看似不完整，其实是因为我不关心原来的S_2，所以没有写。

可以“切断”铁磁性物质的磁性来破坏物—场模型，例如，通过“撞击”或将物质加热到居里点以上使物体消磁（见图A-10）。

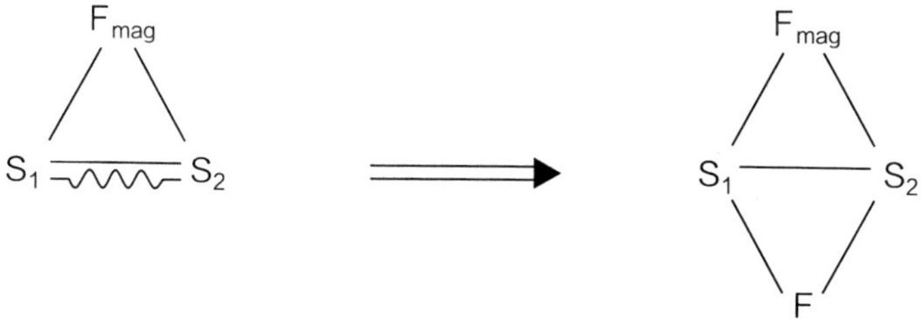

图A-10 “切断”磁影响

A.2 第2类 增强物—场模型

A.2.1 过渡到复合物—场模型

S 2.1.1 链式物—场模型

为增强物—场模型，可以将其中的工具S_2转化为一个“可独立控制的完整的物—场模型”，构成的新的物—场模型被称为“链式物—场模型”（见图A-11）。

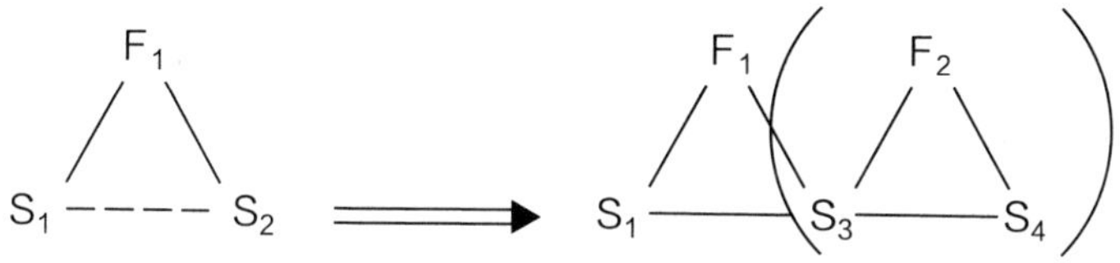

图A-11 链式物—场模型

其中，S_3、S_4、F_2构成了一个可以独立控制的完整的物—场模型。

S 2.1.1 的另一个思路是引入一个S_3，[1]将问题的物—场模型转换成一个“完整的物—场模型”（见图A-12）。在这种情况下，F_2—S_3被引入链接

1 S_3可以与S_2换位置。

S_1—S_2中。

图A-12　转换成“完整的物—场模型”

S 2.1.2　双物—场模型

如果物质之间或物—场之间的作用不足，并且不允许替换元素，则可以引入另一个容易控制的场与其构成“双物—场模型”（见图A-13）。

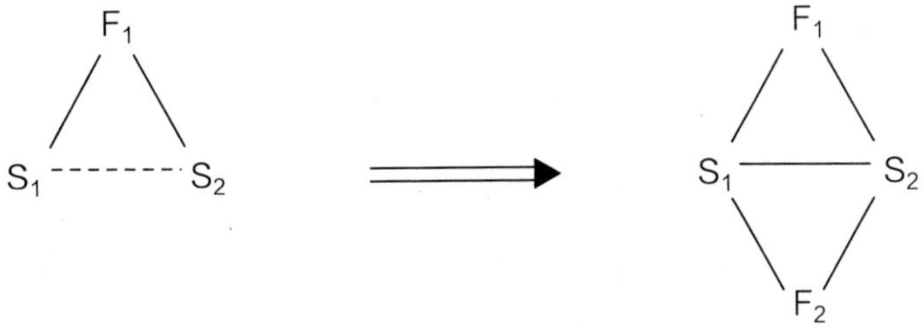

图A-13　双物—场模型

A.2.2　强制实施的物—场模型

S 2.2.1　应用可控性更高的场

如果物质之间或物—场之间的作用不足，并且原始的场F_1不可控或难以控制，则可以使用“容易控制的场F_2”替换“不可控或难以控制的场F_1”（见图A-14）。例如，将重力场替换为机械作用，将机械作用替换为电作用等。

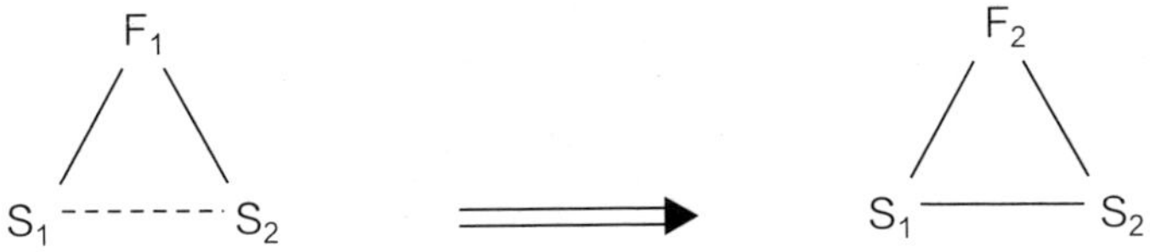

图A-14　应用可控性更高的场

S 2.2.2　分裂S_2

如果物质之间或物—场之间的作用不足，可以增加工具S_2的分裂程度（见图A-15）。

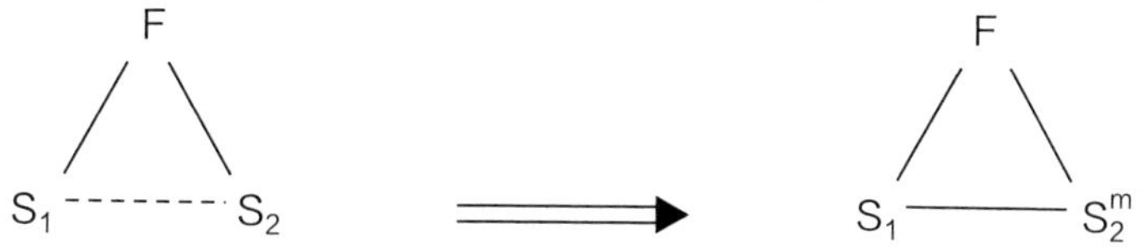

图A-15　分裂S_2

- S^m表示由许多小颗粒组成的物质，如沙粒、粉尘等（m为mote的缩写，译为尘埃、微粒）。
- S 2.2.2 反映了一个主要的技术系统进化路线：在S_2与工件S_1发生相互作用后，直接分割工具S_2或其部分（单—双—多）。

S 2.2.3　应用“毛细”和“多孔”物质

分裂物质的特殊情况：将固体物质转化为毛细或多孔物质（见图A-16）。该转化过程遵循以下路线：固体物质 → 有一个空腔的固体物质 → 有若干空腔的固体物质或被打孔的物质 → 毛细（或多孔）物质 → 孔隙具有特殊结构或尺寸的毛细（或多孔）物质。物质沿着此路线发展，向空腔或毛细孔中填充液体和应用自然现象的可能性也随之增加。

- S^p表示多孔（p 为porous的缩写，译为多孔的）。

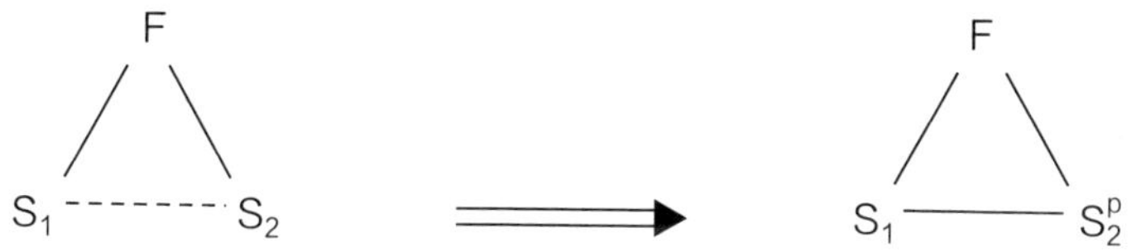

图A-16　应用“毛细”和“多孔”物质

S 2.2.4　动态化

如果物质之间或物—场之间的作用不足，可以增加物—场模型的动态性水平，使系统结构更灵活、更容易改变（见图A-17）。

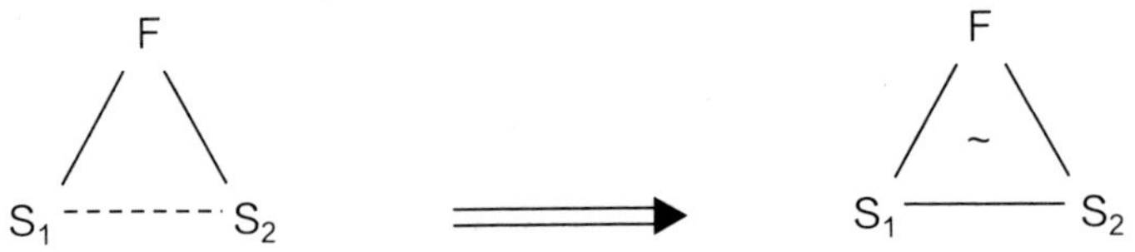

图A-17　动态化

- ~ 表示“动态化”，所述的物—场模型在工作过程中会发生变化。
- 工具S_2的动态化通常沿着此路线：单铰链—多铰链—柔性—粉末状—液态—气态—场。
- 场F的动态化通常沿着此路线：恒定场—梯度场—变化场—脉冲场—共振场—相干场。
- 可以通过相变（如水结冰、冰融化、形状记忆等）来有效提升系统的动态化水平。

S 2.2.5　结构化的场

如果物质之间或物—场之间的作用不足，并且原始的场是“均匀的”或“非结构化的”，可以将该场替换为“结构化的场”来增强物—场模型，如“异质场”“恒定场”或“空间结构可变的场”（见图A-18）。

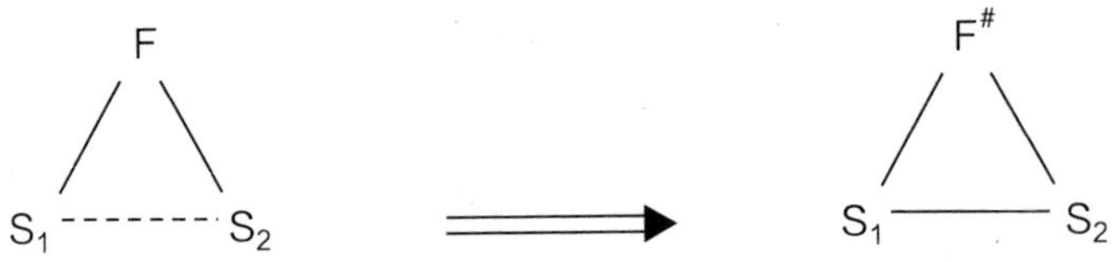

图A-18　结构化的场

- $F^{\#}$表示结构化的场，“结构化”指为场设置一种给定的结构。例如，某物质原来受到一个非刻意设置的电场的作用，设计者在该物质周围专门设置了一组电极以让其受到固定电场的作用，则该电场就是“结构化的”电场。结构化的主要特征为，由人主动设计并进行控制（下同）。

S 2.2.6　结构化的物质

如果物质之间或物—场之间的作用不足，并且原始的物质是“均匀的”或“非结构化的”，可以将该物质替换为“结构化的物质”，如“异质”“永久性”或“空间结构可变”的物质（见图A-19）。

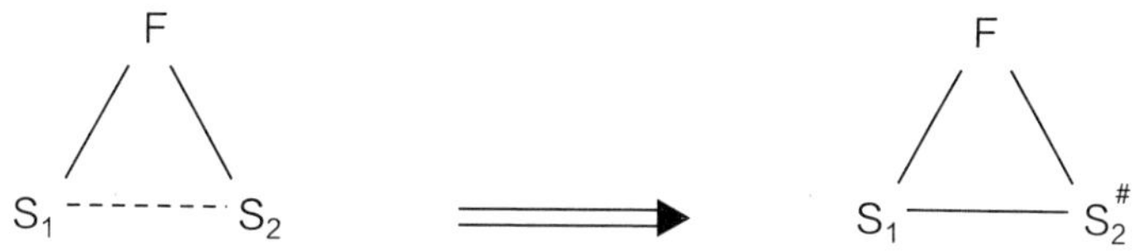

图A-19　结构化的物质

A.2.3　通过频率匹配以增强物—场

S 2.3.1　F和S_1或S_2的频率匹配

在物—场模型中，场的作用应该是，使其频率与产品或工具的自然频率相匹配（或故意失配）。

S 2.3.2　F_1和F_2的频率匹配

在“链式物—场模型”或“双物—场模型”中，场的频率应该匹配或故意失配。

S 2.3.3　匹配“不能同时成立的”或“先前独立的”作用

如果两个作用（如加工与测量）不能同时进行，可以在一个作用的间歇执行另一个作用（加工—测量—加工—测量……）

A.2.4 铁磁场模型（增强“复合的物—场模型”）

S 2.4.1 预—铁—场模型

为增强物—场模型，可以将原有的工具S_2替换为具有铁磁性的工具S_{fm}。

预—铁—场模型是通过引入铁磁性物质，然后利用磁场来实现控制的物—场模型（见图A-20）。

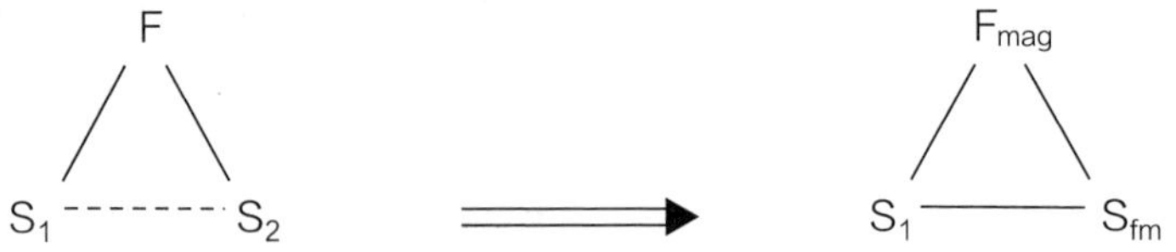

图A-20 预—铁—场模型

- fm为ferromagnetism的缩写，译为铁磁性。

S 2.4.2 铁—场模型

为了增强系统的可控性，建议将物—场模型和“预—铁—场模型”替换为“铁—场模型”（见图A-21）。使用铁磁性颗粒替代S_2或在S_2中添加铁磁性颗粒并应用磁场或电磁场。铁磁性颗粒可以是碎片或颗粒形式的，控制效率与铁磁性颗粒的直径成反比。因此，“铁—场模型”沿着下面的路线演化：颗粒→粉末。控制效率也可以沿着下面这条与铁磁性颗粒有关的路线得到增加：固态物质→颗粒→粉末→液态物质。

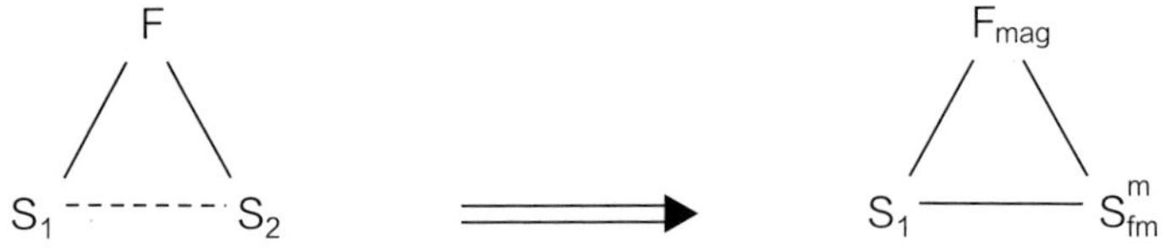

图A-21 铁—场模型

S 2.4.3 磁流体

为增强“铁—场模型”，可以利用磁流体（见图A-22）。磁流体是将铁磁颗粒置入煤油、硅油、水等液体中形成的胶状溶液。S 2.4.3可以被认为是S 2.4.2的终极进化结果。

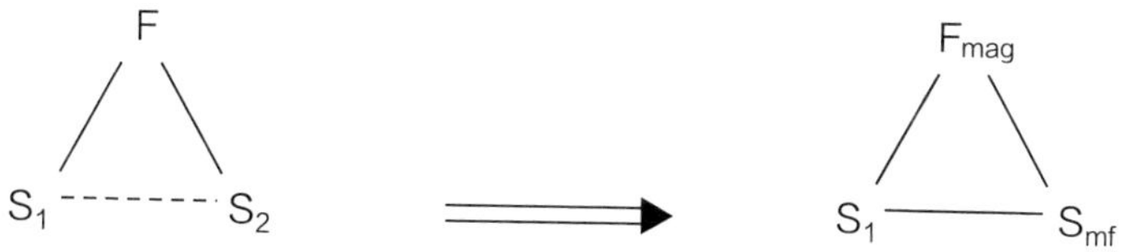

图A-22　磁流体

- mf为magnetic fluid的缩写，译为磁流体。

S 2.4.4　在“铁—场模型”中应用毛细结构

如果“铁—场模型”中的物质具有毛细管或多孔结构，可以在这些结构中填充物质S_3，以增强“铁—场模型”（见图A-23）。

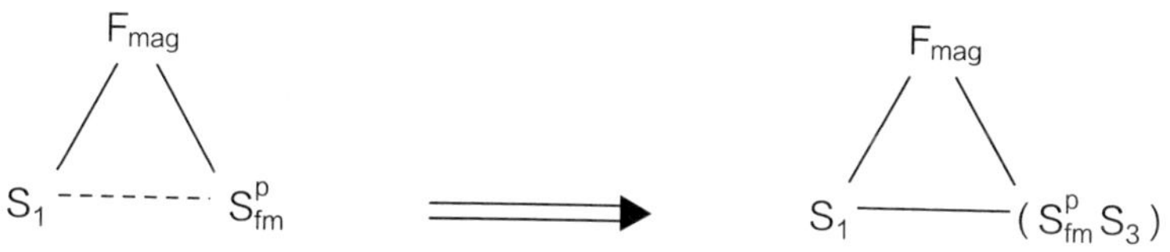

图A-23　在“铁—场模型”中应用毛细结构

- p为porous的缩写，译为多孔的。

S 2.4.5　复合铁—场模型

如果问题的物—场模型可以被转化为“铁—场模型”，但禁止使用铁磁性颗粒替换物质S_1或S_2，则可以向一种物质中引入添加物，将其转化为内部或外部“复合铁—场模型”（见表A-1）。

表 A-1　向物质中引入添加物

	在S_2中引入添加物	在S_1中引入添加物
内部	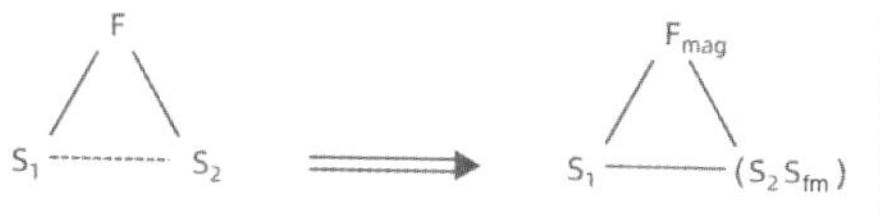	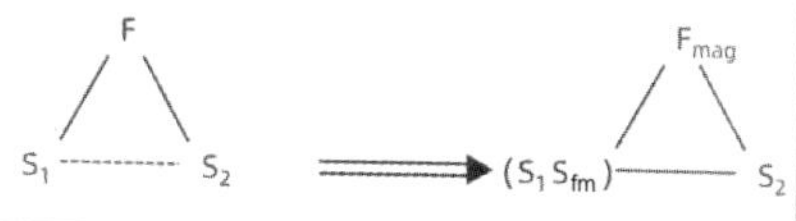
外部	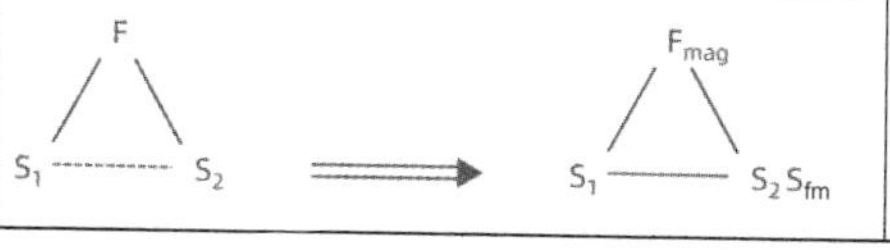	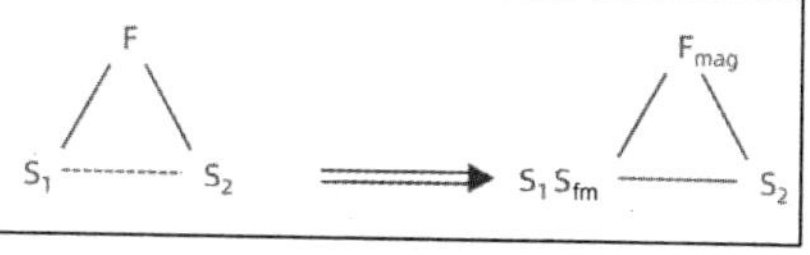

S 2.4.6　利用环境的“铁—场模型”

如果问题的物—场模型可以被转化为“铁—场模型”，但禁止使用铁磁性颗粒替换物质，也不允许向物质内部或外部引入添加物，则可以将铁磁性颗粒引入环境，然后通过改变现有磁场（S 2.4.3）的环境参数来控制系统（见图A-24）。

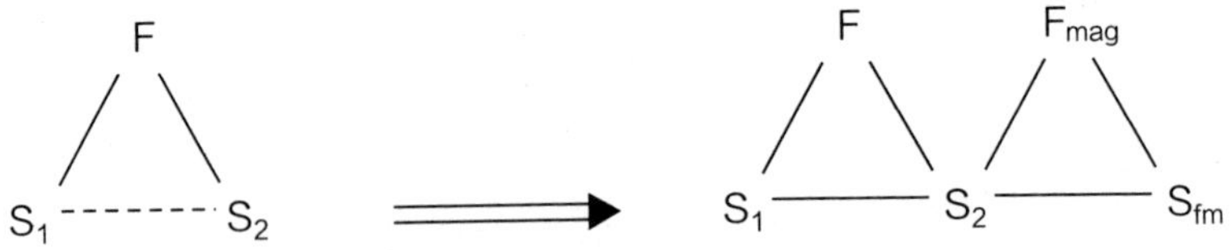

图A-24　利用环境的“铁—场模型”

S 2.4.7　应用物理效应和现象

为增强系统的可控性，可以利用某个物理效应或现象来增强“铁—场模型”（见图A-25）。

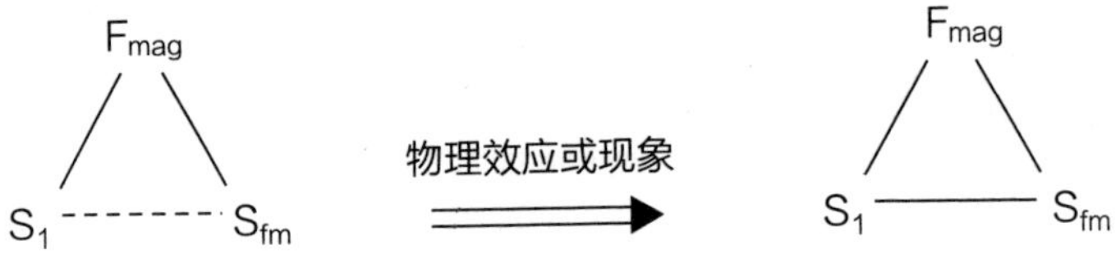

图A-25　应用物理效应和现象

S 2.4.8　动态化

为增强“铁—场模型”，可以使其动态化（见图A-26）。例如，将其转化为柔性、可变系统结构。

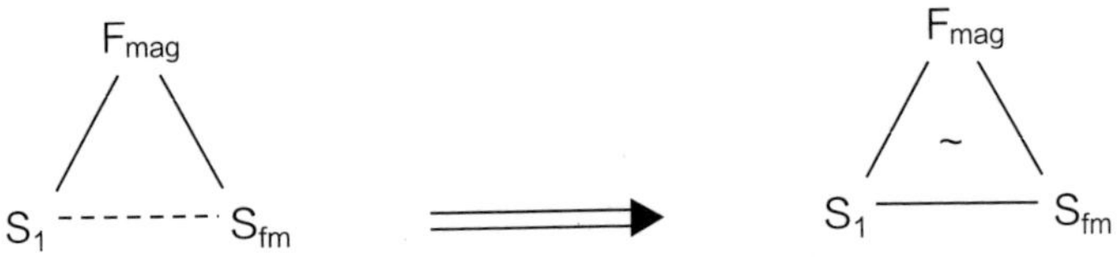

图A-26　动态化

S 2.4.9　结构化

为增强“铁—场模型”，可以将均质的或非结构化的场转化为异质的或结构化的场（见图A-27）。

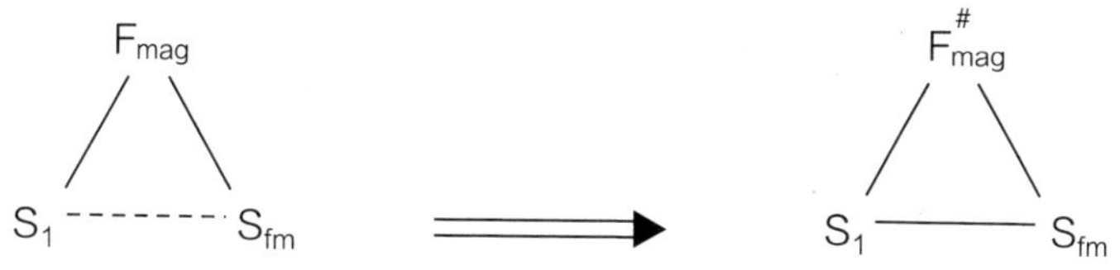

图A-27　结构化

S 2.4.10　在“铁—场模型”中匹配频率

为增强“预—铁—场模型”或“铁—场模型”，可以将原有的工具S_2替换为具有铁磁性的工具S_{fm}，并匹配工具与场的频率（见图A-28）。

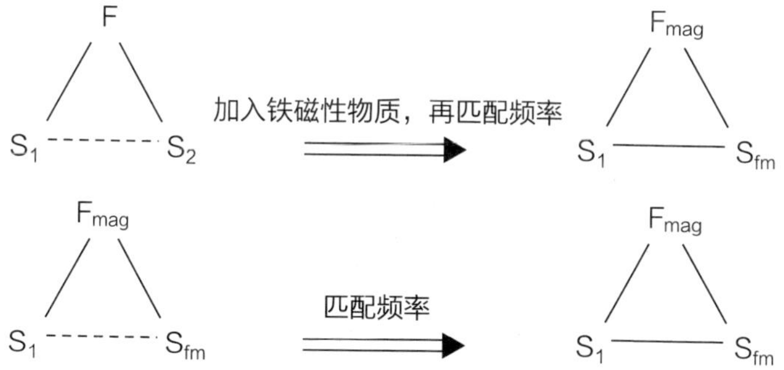

图A-28　在“铁—场模型”中匹配频率

S 2.4.11　电—场模型

如果很难在物—场模型中引入铁磁性颗粒或很难磁化某物质，可以利用外部电磁场和电流之间的相互作用或两个电流之间的相互作用（其中，电流可以通过电接触或电磁感应产生）。电—场模型是有电流作用的系统模型。电—场模型的演化路径为：简单“电—场模型”→复合“电—场模型”→利用环境的“电—场模型”→动态化的“电—场模型”→结构化的“电—场模型”→频率匹配的“电—场模型”。

S 2.4.12　电流变液

如果不能用“磁流体”，可以使用“电流变液”。在通常条件下，电流变液是一种悬浮液，它在电场的作用下可发生“液态↔固态”的相态变化。当外加电场的强度远低于临界值时，电流变液呈液态；当外加电场的强度远高于临界值时，它就变成固态；当外加电场的强度处在临界值附近时，电流变液的黏滞性随电场强度的增加而变大，这时很难说它呈液态还是固态。典型的电流变液有：石英细粉与甲苯的混合物。

A.3　第3类　过渡到超系统或微观级别

A.3.1　过渡到双系统或多系统

S 3.1.1　系统过渡1a：建立双系统和多系统

为增强物—场模型，可以将技术系统与其他技术系统联合起来，建立一个更复杂的“双系统”或“多系统”。在系统进化的任何阶段都可以使用“系统过渡1a”来增强系统性能。建立“双系统”或“多系统”的最简单方法是将两个或更多的S_1或S_2联合起来，创造一个“双物质—物—场模型”或“多物质—物—场模型”。

S 3.1.2　增强双系统或多系统中的连接

可以进一步开发系统中各组件之间的联系来增强“双系统”或“多系统”。

S 3.1.3　系统过渡1b：增加组件的差异性

可以通过增加系统组件的差异性来增强“双系统”或“多系统”。例如，从完全相同的组件（一套完全相同的铅笔），到特征改变的组件（一套颜色不同的铅笔），到不同的组件（一套绘图笔），再到与相反特征的组件组合（带橡皮的铅笔）。

S 3.1.4　简化双系统或多系统

可以通过简化系统来增强“双系统”或“多系统”。完全简化的双系统和多系统将重新变成单系统，同时整个循环将在新的层级重现。

S 3.1.5　系统过渡1c：使系统的整体与部分具有相反的特征

可以将不相容的特征分别分配到整个系统及其部分（系统级别分离）来增强“双系统”或“多系统”。因此，系统工作在两个级别：在系统级别具有特征F；在系统的部分或局部（子系统级别）具有相反的特征“−F”。

A.3.2　过渡到微观级别

S 3.2.1　系统过渡2：过渡到微观级别

使技术系统从宏观级别过渡到微观级别是指，用一些“能够在某个场的影响下执行所需动作的”物质取代系统或其部分。“微观”有很多级别——分子团、分子、原子等，因此，“过渡到微观级别”有很多种可能。此外，还可以从一种“微观级别”过渡到另一种更为基础的“微观级别”。

A.4　第4类　检测或测量的标准解

A.4.1　间接方法

S 4.1.1　改变系统，从而不需要检测或测量

如果存在检测或测量问题，可以通过某种方法改变系统来解决问题，从而不需要检测或测量。

S 4.1.2　应用复制品

如果存在检测或测量问题，而且不能应用S 4.1.1，可以检测或测量该对象的复制品或照片。

S 4.1.3　在两个连续检测之间测量

如果存在检测或测量问题，而且不能应用S 4.1.1和S 4.1.2，可以在两个连续检测的间歇进行测量。

A.4.2　建立“测量物—场模型”

S 4.2.1　测量物—场模型

如果很难检测或测量某“不完整的物—场模型”，可以使用一个“输出场”来构建“完整的物—场模型”或“双物—场模型”（见图A-29）。例如，为准确检测液体的沸点，可以向液体通电。在液体沸腾时，出现的气泡会使液体的电阻增大，只要在电阻发生明显变化时能测量出液体的温度即可得到液体的沸点。

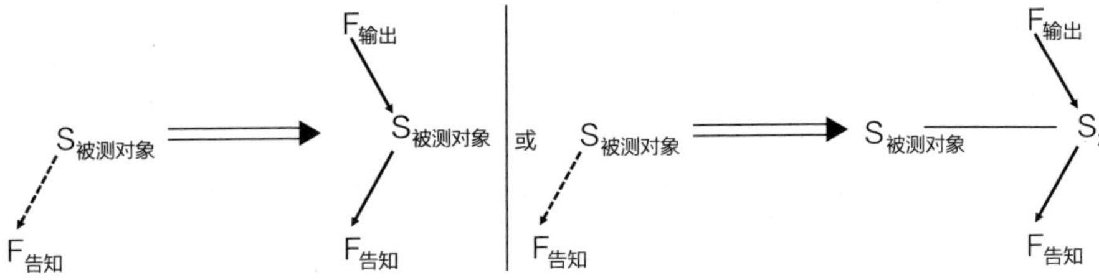

图A-29　测量物—场模型

S 4.2.2　复合“测量物—场模型”

如果很难检测或测量某系统或其部分，可以引入容易检测的添加物，将问题过渡到“内部复合物—场模型”或“外部复合物—场模型”（见图A-30）。

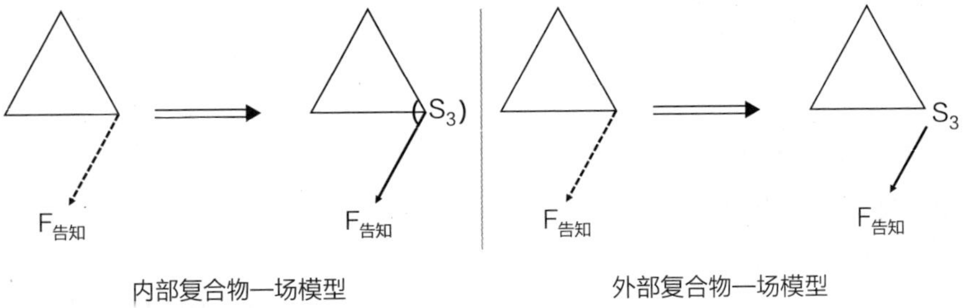

图A-30　复合“测量物—场模型”

S 4.2.3　利用环境的“测量物—场模型”

如果很难在某一时间的某一时刻检测或测量某个系统，并且不能引入添加物，则应该在环境中引入“被场影响后容易检测或测量的添加物”，通过改变环境状态来完成测量（见图A-31）。

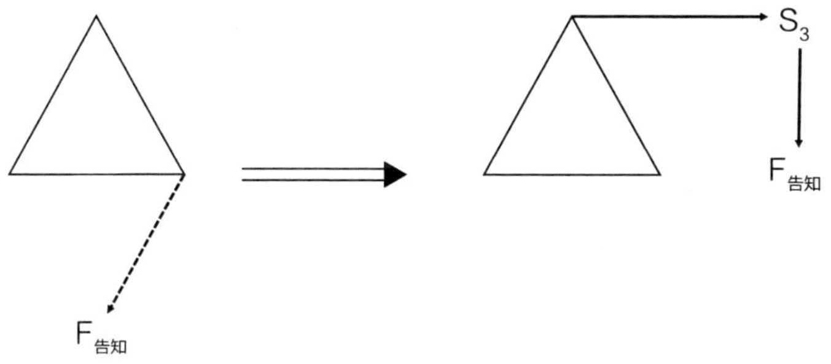

图A-31　利用环境的“测量物—场模型”

S 4.2.4　获取环境中的添加物

如果无法按照S 4.2.3在环境中引入添加物，则所需添加物也可以由环境自己产生（见图A-32）。例如，可以使添加物消亡或改变添加物的相态，特别是通过电解、气蚀或其他方法产生气体或气泡。

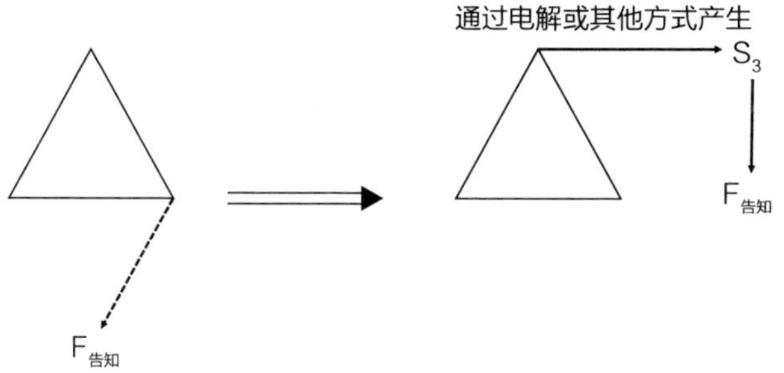

图A-32　获取环境中的添加物

A.4.3　增强“测量物—场模型”

S 4.3.1　应用物理效应和现象

在物—场模型中，为增强检测和/或测量的有效性，可以利用物理效应，特别是现有物质所产生的“热电偶”，然后“无花费”地获取所需的系统信息。还可以通过电磁感应获得信息。

S 4.3.2　应用样品的共振频率

如果不能直接检测或测量系统中的变化，也不能在系统中引入场，可以在整个或部分系统组件中引入共振。振荡频率的变化将提供系统变化的信息。

S 4.3.3　应用结合物的共振频率

如果无法应用S 4.3.2，可以在“系统外部的物体”或“与系统有联系的环境”中引入自由振荡来获得系统状态的信息。

A.4.4　过渡到“铁—场模型”

S 4.4.1　测量“预—铁—场模型”

没有磁场的物—场模型适宜过渡到包含磁性物质和磁场的“预—铁—场模型”。

S 4.4.2　测量“铁—场模型”

在物—场模型中，为增强检测和/或测量的有效性，可以将其中一个物质替换为铁磁颗粒或者添加铁磁颗粒，将物—场模型或“预—铁—场模型”过渡到“铁—场模型”，然后通过检测或测量磁场来获得信息。

S 4.4.3　复合测量“铁—场模型”

如果可以将物—场模型过渡到“铁—场模型”来增强检测和/或测量的有效性，但不允许使用铁磁性颗粒替换物质，则可以在物质中引入一个添加物，创建一个“复合铁—场模型”来完成检测或测量。

S 4.4.4　利用环境测量“铁—场模型”

如果可以将物—场模型过渡到“铁—场模型”来增强检测和/或测量的

有效性，但不允许引入铁磁性颗粒，则可以将该颗粒引入环境。

S 4.4.5　应用物理效应和现象

在物—场模型或“预—铁—场模型”中，为增强检测和/或测量的有效性，可以在其中应用物理现象（如霍普金森效应、巴克豪森效应、磁弹性等）。

A.4.5　测量系统的演化方向

S 4.5.1　过渡到双系统或多系统

为增强物—场模型或“预—铁—场模型”在进化过程的任意阶段的检测和/或测量的有效性，可以建立“双系统”或“多系统”来完成检测或测量。

S 4.5.2　演化方向

用于检测和/或测量的系统可以沿着以下路线进化：测量函数→测量函数的一阶导数→测量函数的二阶导数。

A.5　第5类　标准解应用的标准解

A.5.1　引入物质

S 5.1.1　间接方法

如果目前已通过引入物质来解决问题，则尝试不引入物质：引入虚无（void）；引入场；应用外部添加物来替换内部添加物；引入少量活性物质；仅在特殊位置集中引入少量添加物；临时引入添加物。如果允许引入添加物，则应该用物体的模型或拷贝来替换物体；分解已引入的化学物质来获得所需的添加物；通过电解或相变来分解环境或物体以获得所需的添加物。

S 5.1.2　使物质分裂

如果系统对变化没有响应，并且不允许改变工具，也不允许引入添加物，可以利用制品的相互作用来部分替换工具。特别是当系统包含微粒流且有必要提升其可控性时，该流应该被分割为两部分："同极性电荷"和"不同极性电荷"。如果整个流是某一种极性的（正或负），则流的其中一部分应该是相反的极性（负或正）。

S 5.1.3 "自我消失"的物质

在工作完成后，所引入的物质应该消失或转化为"与系统或环境相同的现有物质"。

S 5.1.4 大量引入物质

如果工况中不允许引入大量物质，则可以使用"可充气结构"或泡沫等"虚无"替换物质。

A.5.2 引入场

S 5.2.1 多次使用现有场

如果有必要在物—场模型中引入一个场，首先应引入"以现有物质为载体"的"现有场"。

S 5.2.2 从环境中引入场

如果有必要引入一个场，但又不能使用S 5.2.1，可以应用环境中已存在的场。

S 5.2.3 利用能产生场的物质

如果不能使用S 5.2.1或S 5.2.2的方法引入场，应该应用"由系统或环境中的现有物质"所产生的场。特别是当系统中包含铁磁性物质且它们仅在机械方面应用时，可以应用它们的磁特性来获得附加效果。例如，改进元素之间的相互作用以获得系统中的信息。

A.5.3 相变

S 5.3.1 相变1：改变相态

使物质发生相变，从而达到“不引入其他物质但应用物质”的目的。

S 5.3.2 相变2：动态化的相态

利用能根据工况改变相态的物质来实现物质的双重特性。

S 5.3.3 相变3：利用相关现象

应用相变伴随的现象（例如，气体液化时放热，固体熔化时吸热等）来增强系统。

S 5.3.4 相变4：过渡到“双相态”

为实现系统的双重特性，可以将“单相态”物质替换为“双相态”物质。

S 5.3.5 相态相互作用

在子系统或相变过程中创建相互作用，从而利用“相变4”提升系统的有效性。

A.5.4 应用物理效应和现象

S 5.4.1 过渡到自我控制

如果某物质必须存在且在不同相态间周期性变换，这种变换应由该物质“自己”通过可逆物理现象来完成。如电离—复合、分解—联合等。

S 5.4.2 放大输出场

如果需要在“弱影响”下应用强作用，则物质转化应该发生在“近临界”状态，能量会在物质中积累，并且“弱影响”应作为激活条件（例如，检测轮胎漏气位置的方法是，将打好气的轮胎浸入水中，出现气泡的位置就是漏气的位置。其中，水对轮胎的压力为弱影响，能量积累体现在轮胎内部的气体中）。

A.5.5 实验性的标准解

S 5.5.1 通过分解获得物质

为了实现某概念方案，需要一种不能直接获得的物质粒子（如离子），所需粒子可以通过分解“高等级”的物质（如分子）来创造。

S 5.5.2 通过合成获得物质

为了实现某概念方案，需要一种不能直接获得的物质粒子（如分子），而且不能应用S 5.1.1，所需粒子可以通过合并“低等级”的物质（如离子）来创造。

S 5.5.3 应用S 5.5.1和S 5.5.2

应用S 5.5.1 的最简单方法是破坏最近的“更高等级的、完全的物质”或“最高等级的、过度的物质”。应用S 5.5.2 的最简单方法是合并最近的“低等级的、不完全的物质”（分子是离子的更高等级的、完全的物质。反之，离子是分子的更低等级的、不完全的物质）。

附录B 40个发明原理

发明原理	子原理 / 说明
1. 分割	• 将物体分割成独立的部分； • 将物体拆分成可组合的部分； • 增加物体分割的程度
2. 抽取	• 从对象中提取（删除或分离）产生“干扰”的部分或属性； • 只从对象中提取关键或必要的部分或属性
3. 局部质量	• 将同质（均匀）结构的物体或外部环境/动作转换为异质（不均匀）结构； • 让物体的不同部分执行不同的功能； • 让物体的各部分都最大限度地发挥作用

续表

发明原理	子原理 / 说明
4. 不对称性	• 用不对称的结构替换对称结构； • 如果一个物体已经不对称了，则增加其不对称的程度
5. 合并	• 在空间上合并或联合同样的/相关的物体，或者合并要连续操作的物体； • 在时间上合并或联合同样的/连续的操作
6. 通用性	• 让物体执行多个功能，从而不需要其他物体
7. 嵌套	• 一个物体被包含在另一个物体中，该物体又被放置在第三个物体中； • 一个（能动的）物体通过另一物体的空腔
8. 重量补偿	• 通过与“具有提升力”的另一物体连接来抵消物体的重量； • 通过与提供空气动力或流体动力的环境相互作用来抵消物体的重量
9. 预先反作用	• 提前执行与当前作用相反的作用； • 如果物体处于（或将处于）压缩状态，则预先提供张力
10. 预先作用	• 提前完成全部或部分作用； • 将物品放置在方便的位置，使之能够及时发挥作用
11. 预先防范	• 通过事先采取的措施来补偿物体相对较低的可靠性
12. 等势	• 改变工作条件，使物体不需要升起或降落
13. 反向操作	• 实施由问题规定的相反动作，而不是实施规定的动作； • 使物体或外部环境中原来可移动的部分变为不可移动，使原来不可移动的部分变为可移动； • 把物体颠倒过来
14. 曲面化	• 用曲面代替平面；用球体代替立方体； • 使用滚子、球或螺旋； • 用旋转运动代替直线运动，利用离心力
15. 动态化	• 使物体或其环境在每个操作阶段自动调整以获得最佳性能； • 将一个物体分割成可以相互改变位置的组件； • 如果物体是不动的，使其可动或增加其自由度
16. 不足或过度作用	• 如果很难获得100%的理想效果，则使用比需求更少（或更多）的作用或物质来处理问题
17. 维数变化	• 在另一维度解决某一维度中存在的问题； • 使用多层物体的组合而不是仅使用单层； • 使物体倾斜或竖直放置； • 利用物体的反面

续表

发明原理	子原理 / 说明
18. 机械振动	• 使物体振动； • 如果存在振动，则增加其频率，甚至使用超声波； • 利用物体的共振频率； • 使用压电振子代替机械振动； • 使用结合电磁场的超声振动
19. 周期性作用	• 用周期性（脉冲）作用代替连续动作； • 如果动作已经是周期性的，则改变其频率； • 在两个相同的脉冲之间加载另一个脉冲，以产生附加动作
20. 连续的有用作用	• 连续地（不间断）执行动作，其中，物体的所有部分都以满负荷运行； • 去除怠速和中间运动
21. 快速通过	• 以非常高的速度执行有害或危险的操作。
22. 变害为利	• 利用有害因素或环境中的效应获得积极效果； • 将有害因素与其他有害因素相结合，将两个有害因素都去除； • 增加有害作用的量，直到它不再有害
23. 反馈	• 引入反馈； • 如果反馈已经存在，就改变反馈信号的大小及灵敏度
24. 中介物	• 使用中介物转移或执行某一动作； • 将一个物体暂时连接到另一个易于移除的物体上
25. 自服务	• 让物体对自己执行补充和修理操作； • 利用无用的材料和能源
26. 复制	• 使用简单且廉价的复制品代替复杂、昂贵、易碎或不方便操作的物体； • 通过光学复制品或图像替换物体，可以缩小或放大图像； • 如果使用的是可见光复制品，则用红外或紫外复制品代替它们
27. 廉价替代品	• 用廉价的物体替换昂贵的物体，同时降低某些性能要求（主要是寿命）
28. 替代机械系统	• 用光学、声学或嗅觉系统代替机械系统； • 使用电场或电磁场与物体相互作用； • 替换场：恒定场→梯度场→变化场→脉冲场→共振场→相干场； • 使用磁场与铁磁粒子结合
29. 气压或液压结构	• 用气体或液体代替物体的固体部分
30. 柔性壳体或薄膜	• 用柔性的“壳体”或薄膜制作传统的结构； • 用柔性的“壳体”或薄膜将物体与环境隔离开

续表

发明原理	子原理 / 说明
31. 多孔材料	• 使物体具有多孔或添加多孔元素（如多孔的物质、覆盖物等）； • 如果一个物体已经是多孔的，则将一些物质预先填充到孔内
32. 改变颜色	• 改变物体或其周围环境的颜色； • 改变一个很难看见的物体的透明度； • 使用有色添加剂观察一个很难看见的物体； • 如果已经使用了有色添加剂，则使用发光示踪物或示踪元素
33. 均质性	• 用与主物质（或能量、信息）性质相同或接近的材料，来制作与其有相互作用的物体
34. 抛弃或再生	• 抛弃/改变（如丢弃、溶解、蒸发）已执行完的功能或变得无用的组件； • 立即恢复被耗尽的技术系统的任何部分
35. 改变物理 / 化学状态	• 改变物体的聚集状态、密度分布、柔性、温度或压力
36. 相变	• 利用物质在相变过程中的效应或现象（如物质在吸热或放热后体积会发生变化）
37. 热膨胀	• 使用热膨胀或热收缩的材料； • 使用具有不同热膨胀系数的材料
38. 加速氧化	• 用富氧空气代替正常空气； • 将富氧空气置换为氧气； • 用电离辐射处理氧气中的物体； • 使用臭氧代替氧离子
39. 惰性环境	• 用惰性气体代替正常空气； • 在真空中执行问题所涉及的过程
40. 复合材料	• 用复合材料代替均质材料

附录 C　39 个通用工程参数

说明：

- 运动物体。物体的位移是由自身或空间中的外力引起的，简单来说，运动物体指的是位置改变或发生位移的物体。
- 静止物体。不能被自身或空间中的外力移动的物体。

续表

通用工程参数	说明
1. 运动物体的重量 2. 静止物体的重量	物体在重（引）力场中的质量。物体施加在其支持物或悬挂物上的重力
3. 运动物体的长度 4. 静止物体的长度	任何一个线性尺寸都可以被视为长度。简言之，长度是指任何（与长度有关的）线性距离
5. 运动物体的面积 6. 静止物体的面积	由一条线包围出的平面部分所描述的几何特征。被物体占据的表面部分或物体内部 / 外部表面的平方度量
7. 运动物体的体积 8. 静止物体的体积	物体所占空间的立方度量。例如，矩形对象的长度 × 宽度 × 高度，圆柱体的底面积 × 高度等
9. 速度	过程或动作在时间上的快慢
10. 力	用于度量系统之间相互作用的物理量。在牛顿物理学中，力 = 质量 × 加速度。在 TRIZ 中，力是指任何旨在改变物体状态的相互作用
11. 应力或压强	单位面积上的力，包括张力
12. 形状	系统的外部轮廓或外观
13. 物体构成要素的稳定性	系统的整体性或完整性，系统构成要素之间的关系。磨损、化学分解和拆卸都会降低稳定性。增加熵会降低稳定性
14. 强度	物体抵抗断裂的能力或抵抗破裂的性质
15. 运动物体作用的时间 16. 静止物体作用的时间	物体可以执行（某一）动作的时间长度，如使用寿命、平均无故障时间、耐久性
17. 温度	物体或系统的热状态。包括其他热参数，如比热容
18. 照度	单位面积的光通量，系统的其他照明特性，如亮度、光质等
19. 运动物体使用的能量 20. 静止物体使用的能量	物体做功时所消耗的能量
21. 功率	做功的速率或能量的使用率
22. 能量损失	物体做功时浪费的能量。有时，需要用不同的技术来改进能量的使用，以减少能量损失
23. 物质损失	（组成）系统的部分材料、物质、组件或子系统发生部分或全部、永久或临时的损失
24. 信息损失	系统中的数据 / 由系统生成的数据 / 来访系统中的数据 / 通过系统访问其他系统的数据，发生部分或全部、永久或临时的损失

续表

通用工程参数	说明
25. 时间损失	所述时间指某项活动持续的时间。减少时间损失意味着减少活动所需的时间。“缩短交期”是其中的常用术语
26. 物质的（数）量	（组成）系统的材料、物质、组件或子系统的（数）量发生全部或部分、永久或临时的改变
27. 可靠性	系统以可预测的方式和条件执行其预期功能的能力
28. 测量精度	系统某特性的测量值与实际值的接近程度。减少测量误差可提高测量精度
29. 制造精度	系统或对象的实际特性与规定 / 要求的特性相匹配的程度
30. 外界作用在物体上的有害因素	系统会受外界产生的有害因素的影响。有害因素是指降低物体 / 系统运行效率或质量的因素
31. 物体产生的有害因素	物体或系统在运行过程中产生的有害因素
32. 易于制造	批量制造（或装配）对象的便利、舒适或轻松程度
33. 易于操作	如果某操作需要大量的人员，步骤多或需要特殊的工具，那么这个操作就不易于操作。困难操作的产量低，简单操作的产量高且容易被正确执行
34. 易于维修	系统的质量特性，如方便性、舒适性、简易性。如果修复系统的故障、失效、瑕疵时所用的时间少，则该系统就易于维修
35. 适应性或多用性	系统积极响应外界变化的程度。如果某个系统可以在多种情况下以多种方式使用，它的适应性或多用性就强
36. 设备复杂性	系统内元素的数量和多样性，以及元素之间的相互关系。使用者也属于增加系统复杂性的元素。如果精通系统的难度大则该系统就是复杂的
37. 检测或测量的难度	检测或测量的过程复杂、昂贵，或者需要安排和使用更多的时间和人力，或者组件之间的关系复杂，或者组件之间存在相互干扰。为了达到可接受的误差而增加测量成本也是检测或测量难度增加的标志
38. 自动化程度	系统或物体在没有人机界面的情况下执行功能的程度。最低水平的自动化是使用手动方式操作工具；中等水平的自动化是人类对工具编程，观察其操作，并根据需要中断或重新编程；最高水平的自动化是机器在感知到所需的操作后自行编程并监控自己的操作
39. 生产率	单位时间内系统执行的功能或操作的数量（单位时间的产量或单位产量的成本）

附录D　ARIZ中的图形化模型

1. 反作用：

工具A的“有用作用”作用于制品B，同时制品B产生了一个“有害作用”并作用于A（见图D-1）。需要消除有害作用并保留有用作用。

2. 共轭作用1

工具A的“有用作用”作用于制品B，同时A的一个“有害作用”也作用于制品B（见图D-2）。例如，在流程的不同阶段，同一作用可能有用也可能有害。需要消除有害作用并保留有用作用。

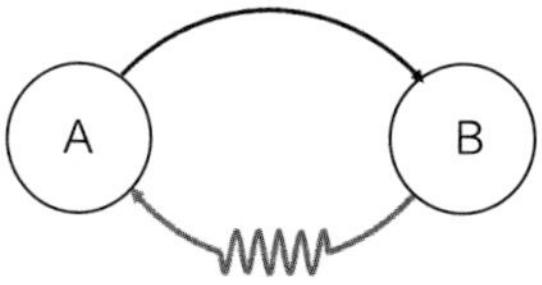

图D-1　反作用

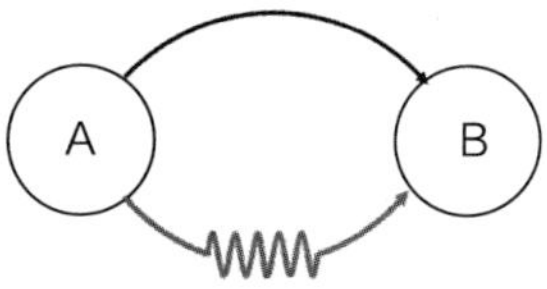

图D-2　共轭作用1

3.共轭作用2

工具A的“有用作用”作用于制品的一部分B_1，同时工具A的“有害作用”作用于制品的另一部分B_2（见图D-3）。需要消除B_2上的有害作用并保留B_1上的有用作用。

4. 共轭作用3

工具A的“有用作用”作用于制品B，而该作用对制品C有害（由A、B、C构成一个系统，见图D-4）。需要消除有害作用，保留有用作用且不损害系统。

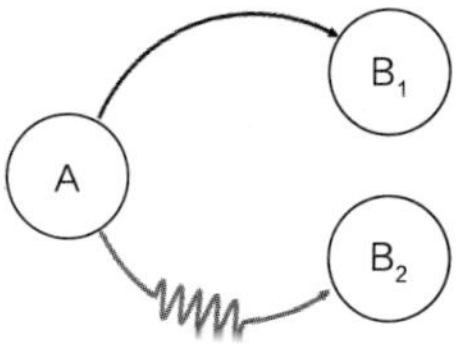

图D-3　共轭作用2

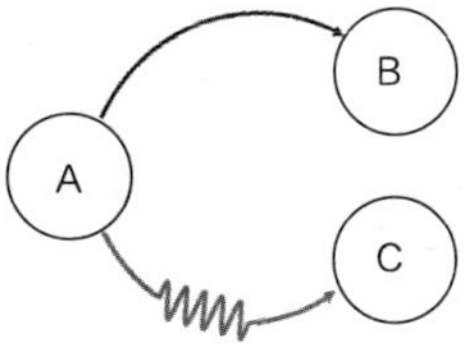

图D-4　共轭作用3

5. 共轭作用4

工具A的“有用作用”作用于制品B，同时工具A对自身有一个“有害作用”（见图D-5）。需要消除有害作用并保留有用作用。

6. 不相容作用

工具A的“有用作用”作用于制品C，同时工具B的“有害作用”也作用于制品C（见图D-6），而且这两个作用是不相容的（例如，机械加工与测量是不相容的）。需要消除工具B对制品C的有害作用，但不改变工具A对制品C的有用作用。

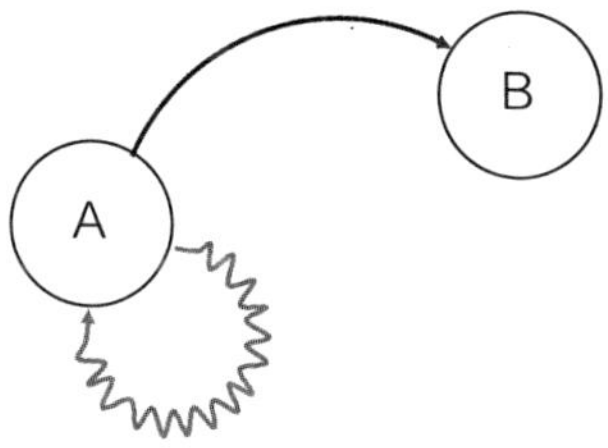

图D-5　共轭作用4

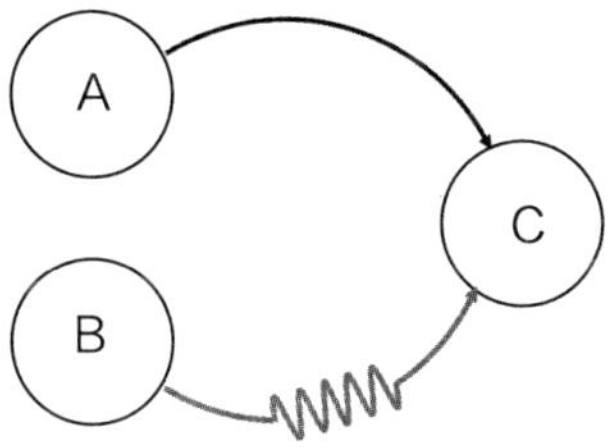

图D-6　不相容作用

7. 沉默

工具A 的信息不明确，但能发现工具A对制品B的相互作用（见图D-7）。需要获得A的信息。

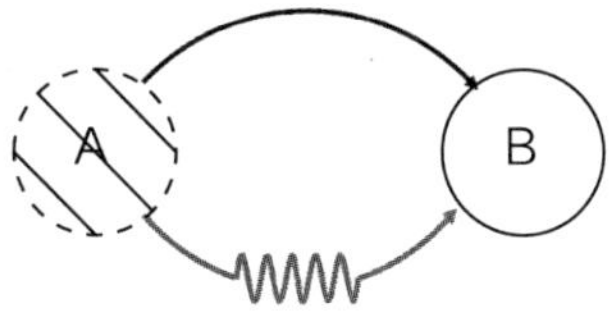

图D-7　沉默

8. 不可控（特定的、过度的）作用

工具A作用于制品B（见图D-8），但该作用不可控（如间断的作用），需要一个可控作用（如交替的作用）。

9. 不相容或消失的作用

工具A需要对制品B同时提供两种“有用作用”，但此时只提供了一种作用，或者工具A完全不对制品B提供作用。有时，工具A不存在，又需要对制品B提供一个作用，但不清楚如何达到这个效果（见图D-9）。需要获得所需信息并提供所需作用。

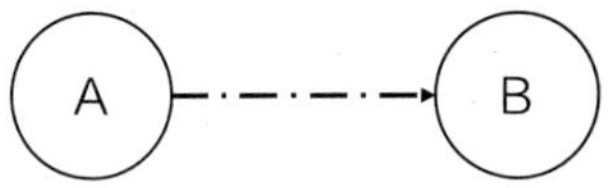

图D-8　不可控作用

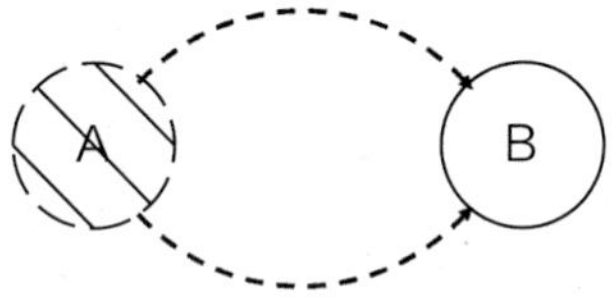

图D-9　不相容或消失的作用

致谢

本书的写作源于根里奇·阿奇舒勒（Genrich Altshuler）对我的启发，他无私地将研究成果公之于世，让我能接触到TRIZ这一对系统性创新产生深远影响的理论，感谢他付出的智慧与心血，这些都为本书奠定了基础。

感谢袁丽娜教授，在她的指导下我走上了TRIZ研究和普及之路。孙永伟博士、谢尔盖·伊克万科博士（Dr.Sergei Ikovenko）和亚历克斯·柳博米斯基（Alex Lyubomirskiy）是我学习TRIZ时的培训老师，感谢他们的谆谆教导。

第8章中的主要内容来自Trends of Engineering System Evolution，第12.2节中的部分案例来自“Selected Topics for Level 1 Training”，感谢谢尔盖老师的授权。第5.4.2节“离心泵轴头断裂”来自我曾经辅导的一个课题，感谢党宁、丛利伟允许我使用该案例。

我还要感谢亿维讯及林岳博士，在那里工作的一年中，我对TRIZ产生了自己的理解也萌发了撰写本书的冲动。感谢刘振阳、靳嘉伟、杨功双、强峰、路冬冬、舒宏富、袁军芳、王立新、郭绍胜、赵春磊、冯学明、梁浩、杜志伟、郝伟栋、陈媛媛在我撰写本书时给予的鼓励。

感谢楼政、高扬、李梦军、王磊、霍翔宇在我寻找出版社的过程中付出的努力。感谢编辑卢小雷使本书能够与读者见面。

感谢崔跃强老师帮忙审校本书初稿并提出了很多宝贵意见。

感谢金风科技，给我提供了实践TRIZ的沃土，让我有机会在工作中不断印证自己的设想并付诸实践，不断迭代、精进对TRIZ理论的理解。

感谢我的父亲王建伟、母亲李赐芬，他们能够容许我辞去稳定的工作远赴北京。感谢我的妻子王新媛，能够承受我不在身边的孤单与寂寞。感谢我的儿子王浩城，在我不能陪伴的情况下依然努力学习，让我没有后顾之忧。感谢他们的包容与理解，我会加倍补偿他们并把这份补偿作为终身的任务来完成。

王晶

2022年9月

参考文献

[1] 克里斯坦森．创新者的窘境[M]．胡建桥，译．北京：中信出版集团，2020:167-168.

[2] 山东师范大学．一种拟南芥/盐芥的无菌嫁接方法：201710028466.6[P]. 2017-5-17.

[3] 侯丽艳，梁平．经济法概论[M]．北京：中国政法大学出版社，2012.

[4] 阿里特舒列尔．创造是精确的科学[M]．魏相，徐明泽，译．广东：广东人民出版社，1987:242-244.

[5] 赵敏，张武城，王冠殊．TRIZ进阶及实战[M]．北京：机械工业出版社，2016:84.

[6] 阿奇舒勒．创造是一门精密的科学[M]．吴光威，刘树兰，译．北京：北京航空航天大学出版社，1990:13.

[7] ZUSMAN A，ALTSHULLER G，PHILATOV V. Tools of Classical TRIZ[M]. Southfield: Ideation International Inc.，1999.

[8] 克里斯坦森．创新者的窘境[M]．胡建桥，译．北京：中信出版集团，2020:43.

[9] 塔勒布．反脆弱：从不确定性中获益[M]．雨珂，译．北京：中信出版社，2020.

[10] GORIN Y. A Pointer to Physical Effects for Solving Inventive Problems[M]. Baku: TDS Summit，1973.

[11] SOUCHKOV V. A Brief History of TRIZ[EB/OL].http://www.xtriz.com/BriefHistoryOfTRIZ.pdf

[12] LITVIN S S. New TRIZ-Based Tool —— Function-Oriented Search (FOS)[J].[出版地不详]：Triz Journal，2005，8.

[13] 远景能源（江苏）有限公司．一种基于噪声检测叶片的雷击损伤的方法及装置：201811086071.2[p].2018-09-18.

[14] SOUCHKOV V. A Brief History of TRIZ[EB/OL].http://www.xtriz.com/.

[15] 阿奇舒勒．哇！发明家诞生了[M]．范怡红，黄玉霖，译．四川：西南交通大学出版社，2004:111.

[16] GEN-TRIZ. Selected Topics for Level 1 Training[EB/OL].http://www.matriz.org.

[17] 阿里特舒列尔．创造是精确的科学[M]．魏相，徐明泽，译．广东：广东人民出版社，1987.